南方蔬菜高效种植模式与农事日程管理

项小敏 等 主编

中国农业出版社
农村设物出版社
北 京

图书在版编目（CIP）数据

南方蔬菜高效种植模式与农事日程管理 / 项小敏等主编. —北京：中国农业出版社，2024.7
ISBN 978-7-109-31001-8

Ⅰ. ①南… Ⅱ. ①项… Ⅲ. ①蔬菜园艺－中国 Ⅳ. ①S63

中国国家版本馆 CIP 数据核字（2023）第 146021 号

中国农业出版社出版
地址：北京市朝阳区麦子店街 18 号楼
邮编：100125
责任编辑：冀 刚　　文字编辑：李 辉
版式设计：杨 婧　　责任校对：吴丽婷
印刷：中农印务有限公司
版次：2024 年 7 月第 1 版
印次：2024 年 7 月北京第 1 次印刷
发行：新华书店北京发行所
开本：850mm×1168mm 1/32
印张：6.75
字数：160 千字
定价：38.00 元

编写人员名单

主　　编：项小敏　郭勤卫　方萍萍　张　婷

副 主 编：江德权　刘慧琴　王雪艳　李朝森

韦　静　汪飞燕　李云中

参编人员：赵东风　周爱明　王家强　唐　鹏

余文娟　金　若　周彩军　徐水林

汪寿根　何　昱　黄晓清　谢利芬

易小磊

前　言

衢州市位于浙江省西部、钱塘江上游，是福建、浙江、江西、安徽四省边际中心城市，素有“四省通衢”之称，是浙西生态市、国家历史文化名城。衢州市有着71.5%森林覆盖率，是当之无愧的浙江后花园。衢州市多丘陵地貌，可开发利用的耕地资源十分丰富，冬季大量休闲田为衢州市蔬菜产业提供了发展空间。衢州市优良的生态环境，特别适合有机、绿色、无公害蔬菜生产，发展潜力巨大。

2022年，蔬菜种植面积59.61万亩①，产量110.52万吨，产值22亿元，占农业产值（76.36亿元）的28.8%，仅次于畜牧业。衢州市蔬菜产业在保障和丰富城乡居民“菜篮子”供应、解决当地农民就业、增加农民收入、促进乡村建设等方面起着非常重要的作用。

但是，衢州市蔬菜产业也面临诸多问题。例如，产业特色不明显，新技术应用普及率比较低，品种选择、茬口安排不合理，管理水平与优势产区差距较大，连作障碍问题突出，产量水平较低，综合效益有待提高。另外，近年

① 亩为非法定计量单位，1亩=1/15公顷。

来随着云南高原蔬菜、沿海热带蔬菜、北方日光温室栽培蔬菜、西北部夏季冷凉蔬菜等异军突起，国内交通路网的日益完善，农产品绿色通道的开通，外埠蔬菜的大量涌入，本地蔬菜产品的优势进一步被压缩，产品竞争日趋激烈。如何发掘当地优势，提升本地产品竞争力，提高蔬菜种植效益，是农业主管部门、技术研究部门和农业发展主体必须思考的问题。

2022年，衢州市委、市政府提出，全面实施“两强四优”（强科技、强农机，优田、优品、优才、优链）行动，加快构建特色鲜明、优势集聚、产业融合、竞争实力强劲的“3+X”特色农业产业体系［每个县（市、区）聚焦培育3个特色优势产业、若干个新兴农业产业］，推动生产高效率、产品高质量、产业高效益、农民高收入。以此为契机，加快实施“双强”行动，大力提升蔬菜科技水平，促进蔬菜产业升级。

本书旨在推广南方蔬菜高效种植模式，推进标准化生产，提高蔬菜种植的综合效益，增加农民收入，促进乡村振兴和农民共同富裕。

本书分为两部分。第一部分介绍28种蔬菜高效种植模式，包括大棚种植模式19种、露天种植模式9种。蔬菜高效种植模式重点突出立地条件、茬口安排、技术特点、关键技术。其中，关键技术主要包括品种选择、播种育苗、整地作畦、定植、栽培管理、常见病虫害、采收等。第二部分介绍一年当中每个月蔬菜农事日程管理，主要包括每个月适栽蔬菜的种类、具体品种和生产农事提示。

农业技术推广研究员章心惠等提供了大量素材和修改意见，在此表示感谢。

由于时间仓促，加之编者的能力有限，本书还有许多不足和疏漏之处，欢迎读者批评指正。

编　者

2024年3月

目 录

第一部分

DIYI BUFEN

蔬菜高效种植模式

大棚“早春黄瓜-夏芹菜-秋冬莴笋”一年三茬高效种植模式

一、立地条件

适宜浙西平原。

二、茬口安排与预期产量

茬口	种植方式	种植种类	播种期	定植期	采收期	预期产量（千克/亩）
第1茬	大棚多层覆盖栽培	早春黄瓜	1月下旬	3月上旬	4月上旬至6月上旬	4 500
第2茬	大棚避雨栽培	夏芹菜	6月中旬	8月上旬	9月下旬至10月中旬	2 000
第3茬	大棚秋延栽培	秋冬莴笋	9月下旬	10月下旬	翌年2月下旬	4 000

三、技术特点

1. 利用大棚多层覆膜保温技术提高大棚内温度，有效克服冬、春季低温障碍，为黄瓜的生长发育提供必要条件，确保黄瓜的正常生长和提前上市。

2. 夏、秋季利用大棚网膜覆盖，可以降低光强和温度，提高芹菜品质和产量。

3. 利用不同种类蔬菜的接茬栽培，较好地克服连作障碍，有利于减少蔬菜土传病害的发生。

四、关键技术

（一）第一茬　早春黄瓜

1. 品种选择　选择博新 5－1、津春 4 号、津优 1 号等适应性强，抗病、抗逆性强，耐低温，丰产优质的早、中熟黄瓜品种。

2. 播种育苗　采取穴盘育苗。种子经过烫种、消毒后催芽，催芽温度 28～30℃，待种子露白后播于穴盘内，每穴 1 粒，播后盖土。浇足水，盖上地膜，扣上拱棚，夜晚多层覆盖，防止低温危害。待种子出土后，揭去地膜，进行正常管理。加强病害防治，出苗后 5～7 天及时喷施噁霉灵或杀毒矾可湿性粉剂 600～800 倍液 2～3 次。苗龄 25～30 天，3 叶 1 心即可定植。

3. 整地作畦　每亩施优质有机肥（腐熟厩肥等）2 000～3 000 千克，硫酸钾三元复合肥（氮∶磷∶钾＝17∶17∶17）30～40 千克作基肥。深翻作畦，畦宽（连沟）1.3～1.4 米，沟宽 40～50 厘米。

4. 定植　每畦种 2 行，株距 40 厘米，每亩栽苗 2 200 株，定植后及时浇定根水。

5. 栽培管理

（1）肥水管理。苗期不旱则不浇水，摘根瓜后进入结瓜期和盛瓜期，需水量、需肥量增加，要根据长势、天气等因素调整浇水间隔时间，浇水宜选在晴天上午进行。结瓜初期，结合浇水追肥1～2次，结瓜盛期每隔7～10天结合浇水追施高钾三元复合肥（氮∶磷∶钾＝12∶5∶28）7～10千克，另外用0.5%磷酸二氢钾和氨基酸肥喷施叶面2～3次。

（2）整枝。当植株高25厘米时，要及时搭架绑蔓、整枝，根瓜要及时采摘，摘除40厘米以下侧枝，40厘米以上侧枝见瓜后，留1～2叶摘心。主蔓爬满架时，应摘心，促进侧蔓生长，多结回头瓜。

（3）保花保果。坐瓜前期温度较低，棚内湿度较大，缺少昆虫传授花粉，需用高效坐瓜灵保果，气温正常后不需保果。

6. 常见病虫害　主要病害有疫病、霜霉病、角斑病等，主要虫害有蚜虫、瓜绢螟。

7. 采收　瓜条充分膨大、色泽新鲜、质地脆嫩时采收。采瓜应在早晨进行。

（二）第二茬　夏芹菜

1. 品种选择　选用金于夏芹、龙游土芹菜等耐热芹菜品种。

2. 播种育苗　种子应先浸种24小时左右，放在冷凉处（吊于水井或放于冰箱内）催芽，2～3天后有80%种子出芽后播种。苗床宜选择在阴凉的地方，或采用遮阳网覆盖育苗。

3. 整地作畦　每亩施优质有机肥2 000～2 500千克、硫酸钾三元复合肥（氮∶磷∶钾＝17∶17∶17）30～40千克、钙镁磷肥50千克、硼砂2千克作基肥。深翻作畦，畦宽（连沟）1.5～1.6米，沟宽40～50厘米。

4. 定植　株行距为20厘米×15厘米，每亩定植1.7万～

2.0 万丛。

5. 栽培管理

（1）温光管理。夏季芹菜生产要采取网膜覆盖的方式，降低光照和地温，提高品质和产量，减少病害发生。

（2）肥水管理。定植后要保持土壤湿润，促进芹菜生长。缓苗后可施一次提苗肥，每亩随水追施尿素 7～10 千克。从新叶大部分展出到收获前植株进入旺盛生长期，需肥量大，要及时追肥，每亩追施高氮高钾三元复合肥 10～15 千克。隔 15～20 天再追肥 1～2 次，肥料用量与第一次相同，或视芹菜的生长情况增加或减少肥料用量。

6. 常见病虫害 主要病害有叶斑病、疫病、软腐病、灰霉病等，主要虫害为蚜虫。

7. 采收 当株高达到 40～50 厘米时，即可采收上市。

（三）第三茬　秋冬莴笋

1. 品种选择 选用优质、高产、抗病性好的品种，如金农莴笋、金铭莴笋等。

2. 播种育苗 种子在水中浸泡 6～8 小时后捞起，用纱布包好放在冰箱冷藏室内，24 小时后取出用水清洗后再放入冰箱 48 小时，待有大部分种子露白即可播种。9 月温度高、光照强，宜在覆盖遮阳网的钢架大棚里播种育苗。为播种均匀，可用细沙拌种后撒播，播后苗床覆盖遮阳网。每天要浇水 1 次，3 天左右出苗后，及时用竹拱棚拱起遮阳网，长出真叶后要及时间苗，当真叶 3～4 片时及时移栽，秧龄 20～25 天。

3. 整地作畦 每亩施腐熟有机肥 2 000～3 000 千克、硫酸钾三元复合肥（氮：磷：钾＝17：17：17）30～40 千克、硼砂 1.5～2 千克作基肥。深翻作畦，8 米大棚作 4 畦，畦宽

（连沟）1.5～1.6米，沟宽40～50厘米，畦高25厘米。畦面铺设2条滴灌带，覆盖银黑双色地膜。

4. 定植　每畦定植4行，株距25厘米，每亩栽4 500株，栽后浇足定根水。

5. 栽培管理

（1）肥水管理。定植20天左右、真叶长出6～8片开始追肥，每亩施硫酸钾三元复合肥（氮∶磷∶钾＝17∶17∶17）15千克。当茎部开始膨大时，每亩施高钾三元复合肥30～40千克。整个生长期，经常保持田间湿润状态，以利于生长。

（2）生长调控。笋茎膨大期，叶面喷施矮壮素350毫克/升，能提高莴笋的产量和质量。

6. 常见病虫害　主要病害有霜霉病、软腐病、灰霉病、菌核病，主要虫害有蚜虫等。

7. 采收　莴笋主茎顶端与最高叶片的叶尖相平时，为收获适期。采收时，用刀贴地面切下，削平基部，去掉茎基部叶片，保留5～8片顶叶，然后分级捆扎上市。

大棚“春大白菜-夏豇豆-秋延番茄”高效种植模式

一、立地条件

适宜浙西平原地区。

二、茬口安排与预期产量

茬口	种植方式	种植种类	播种期	定植期	采收期	预期产量（千克/亩）
第1茬	大棚多层覆盖栽培	春大白菜	1月中下旬	2月中下旬	5月上旬	3 500
第2茬	大棚避雨栽培	夏豇豆	5月上中旬	—	6月下旬至8月上旬	1 500
第3茬	大棚秋延栽培	秋延番茄	7月下旬	8月下旬	11月上旬至翌年2月中旬	3 000

三、技术特点

1. 冬、春季利用大棚多层覆膜保温技术，提高大棚内夜间温度，有效克服冬、春季低温障碍，缓解蔬菜生长所需温度不足的矛盾，为春大白菜和秋延番茄的生长发育提供必要条件，确保棚内蔬菜的正常生育和提前（或延后）上市。

2. 夏、秋季利用大棚的避雨功能，为豇豆生长创造适宜环境，提高豇豆产量。

3. 利用不同种类蔬菜的接茬栽培，较好地克服连作障碍，有利于减少蔬菜土传病害的发生。

四、关键技术

（一）第一茬 春大白菜

1. 品种选择 选用菊锦、阳春等。

2. 播种育苗 采用在大棚内穴盘育苗的方式，出苗后尽量保持棚内夜温不低于5℃，防止春化抽薹。

3. 整地作畦 每亩施腐熟有机肥2 000千克、过磷酸钙35千克、氯化钾15千克作基肥。深翻作畦，畦宽（连沟）1.5～1.6米，沟宽40～50厘米。

4. 定植 按行距40厘米、株距25厘米移栽，每亩栽3 500株。栽后浇足定根水。

5. 肥水管理 在莲座期末、结球期初，每亩追施硫酸钾三元复合肥（氮：磷：钾=17：17：17）15～20千克，促使叶球充实。

6. 常见病虫害 主要病害有软腐病、霜霉病等，虫害基本没有。

7. 采收 叶球形成以后即可采收。若采收过晚，由于气温升高，大白菜容易发生软腐病，影响其品质和经济效益。

（二）第二茬 夏豇豆

1. 品种选择 选用高产四号、天禧玉带等品种。

2. 直播 行距70厘米，株距20～25厘米，每亩4 000穴以上，每穴播3粒，在4片真叶期前间苗定苗，每亩不少于4 000株。

3. 肥水管理 由于夏季天气炎热干燥，秧苗吸收水肥快。田间管理的重点是浇水保湿，当肥少苗弱、中午出现萎蔫时，要结合浇水施肥，肥足苗壮的酌情追肥。第1次采收高峰过后，常有发育减退、停止开花的“歇伏”现象，应结合浇水每亩追施硫酸钾三元复合肥（氮∶磷∶钾＝17∶17∶17）15千克，促使尽快形成第2次结荚高峰。

4. 常见病虫害 主要病害有锈病、细菌性叶枯病等，主要虫害有豆荚螟、蚜虫、蓟马等。

5. 采收 荚果饱满柔软，豆粒处刚刚显露而微鼓时采收。一般情况下，每3～5天采收1次，在结荚高峰期可隔天采收1次，采摘最好在下午进行，采收后按一定的规格扎好，装箱上市。

（三）第三茬 秋延番茄

1. 品种选择 选用石头28、浙粉702、钱塘旭日等。

2. 播种育苗 注意培育健壮无病秧苗，苗龄30天左右移栽。

3. 整地作畦 每亩施有机肥1 000～2 000千克、硫酸钾三元复合肥（氮∶磷∶钾＝17∶17∶17）50千克、镁肥3～5千克作基肥。深翻作畦，畦宽（连沟）1.5～1.6米，沟宽40～50厘米。

4. 定植 双行定植，行距75厘米，株距30厘米，每亩栽1 500株，栽后浇足定根水。

5. 栽培管理

（1）肥水管理。肥料施用注意控氮、稳磷、增钾，定植初期加强中耕和雨后排水工作，要适量灌水，防止高温、高湿使幼苗徒长，促进早开花、早坐果。

(2) 整枝。及早去除侧枝，番茄结4档果后打顶。

(3) 温光调控。定植前期用遮阳网降温，晴天11：00—15：00覆盖，阴雨天不盖。气温适宜后不再覆盖遮阳网。后期低温来临时拔掉架材，放低植株，下垫塑料薄膜，再搭小拱棚双膜保温，促使番茄挂在番茄枝上逐步成熟。

6. 常见病虫害　主要病害有病毒病、枯萎病、青枯病等，主要虫害有蚜虫、烟粉虱、斜纹夜蛾等。

7. 采收　果实完全转色、完熟后采收。

大棚“春萝卜-夏瓠瓜-秋冬莴笋”一年三茬高效种植模式

一、立地条件

适宜浙西低海拔山区及气候相似地区设施栽培。

二、茬口安排与预期产量

茬口	种植方式	种植种类	播种期	定植期	采收期	预期产量（千克/亩）
第1茬	大棚多层覆盖栽培	春萝卜	1月下旬	—	4月中下旬	5 000
第2茬	大棚避雨栽培	夏瓠瓜	3月下旬	4月下旬	5月下旬至7月下旬	3 000
第3茬	大棚秋延栽培	秋冬莴笋	9月中旬	10月中旬	12月下旬至翌年1月上旬	4 000

三、技术特点

1. 利用大棚多层覆膜保温技术提高大棚内温度，有效克服冬、春季低温障碍，为春萝卜的生长发育提供必要条件，确保春萝卜的正常生长和提前上市。

2. 充分利用大棚架材，套种瓠瓜提高土地资源和大棚设施的利用率，冬季提高大棚内温度，加快莴笋生长，防止莴笋受雪灾及冻害的影响，从而提高设施蔬菜生产效益。

3. 利用不同种类蔬菜的接茬栽培，较好地克服连作障碍，有利于减少蔬菜土传病害的发生。

四、关键技术

（一）第一茬　春萝卜

1. 品种选择　选用适宜春季栽培耐抽薹春萝卜品种。例如，白雪春2号、浙萝6号、白玉春等。

2. 整地作畦　每亩施腐熟有机肥2 000～3 000千克、过磷酸钙15～20千克、硼砂1～2千克作基肥。深翻作畦，畦宽（连沟）1.5～1.6米，沟宽40～50厘米。

3. 播种　每畦种4行，隔25～30厘米开1穴，每穴点播种子2～3粒，每亩播种量约200克，播种后用细土覆盖0.5厘米。

4. 定苗　出苗后10天左右及时查苗补苗，当2～3片真叶时间苗，当肉质根“破肚”（肉质根膨大及加速生长的开始）时定苗，每穴留1株。

5. 肥水管理　叶片生长盛期一般地不干不浇水，地发白才浇水。根部生长盛期应充分均匀供水，促进肉质根膨大，防止空心，提高品质，增强耐储能力，收获前1周停止浇水。在多雨季节，注意及时排水。

定苗后浇施1次肥料，每亩施硫酸钾三元复合肥（氮：磷：钾＝17：17：17）1.5～2千克。肉质根“破肚”时第2

次追肥，每亩施硫酸钾三元复合肥 5～7.5 千克。肉质根膨大盛期第 3 次追肥，每亩施硫酸钾三元复合肥 10 千克。

6. 常见病虫害 主要病害有霜霉病、软腐病等，主要虫害有黄曲条跳甲、蚜虫。

7. 采收 萝卜充分膨大后，分批采收上市。

（二）第二茬 夏瓠瓜

1. 品种选择 选用耐高温、抗病、优质、高产的品种，如浙蒲 9 号等。

2. 播种育苗

（1）穴盘育苗。大棚避雨育苗。选用 72 孔穴盘、专用育苗基质。

（2）种子处理。播前种子在 55℃温水中浸种 20 分钟，冷却至 25℃左右时持续浸泡 12 小时，洗净后在 30℃恒温条件下催芽，待大部分齐芽后播种。

（3）播种。每穴播 1 粒种子，播种深度 0.5～1.0 厘米，播后覆盖 1 层基质，多余基质用刮板刮去，使基质与穴盘格室相平，浇透水，浮面覆盖地膜，然后在地膜上覆盖黑色遮阳网。

（4）苗期管理。出苗前，白天苗棚内温度保持在 25～30℃，夜间 18～20℃。出苗后，及时揭除地膜。白天棚内温度保持在 20～25℃，夜间 10～15℃。白天在温度许可条件下，应及早揭除小拱棚膜以通风、透光、降湿。1～2 叶 1 心时即可移栽。

3. 整地作畦 每亩施腐熟有机肥 2 000～2 500 千克、硫酸钾三元复合肥（氮：磷：钾＝17：17：17）40～50 千克、磷肥 25～30 千克作基肥。深翻作畦，畦宽（连沟）1.5～

1.6 米。

4. 定植　苗龄 20～25 天，秧苗 1～2 叶 1 心时定植。每畦种植 2 行，株距 55～65 厘米，每亩栽 1 300～1 500 株，栽后及时浇足定根水。

5. 栽培管理

（1）肥水管理。6—7 月瓠瓜生长旺季正值梅雨季节，雨水多，要及时开好畦沟，防止田间积水；中后期又值伏旱少雨季节，要注意及时灌水抗旱，沟灌宜灌“跑马水”，切忌漫灌。

瓜苗定植成活后，及时浇施 1%～2%尿素 1～2 次促苗，始收期每亩追施硫酸钾三元复合肥（氮∶磷∶钾＝17∶17∶17）10～15 千克，以后每采收 2 次追 1 次肥，每亩追施硫酸钾三元复合肥（氮∶磷∶钾＝17∶17∶17）8～10 千克。

（2）搭架绑蔓。苗长到 30～50 厘米时，用 2.5 米长的竹竿或木杆设立人字架，并及时绑蔓上架；人字架上用粗绳或竹竿再设横架 3～4 道，以便侧蔓攀缘或人工分层绑蔓。

（3）整枝。主蔓长至 80～100 厘米时摘心，以促发侧枝，侧蔓坐瓜后再次摘心，以后任其自然生长或根据长势情况再次摘心。生长中后期，适当疏枝、疏叶，摘除老叶、病叶等，增强通风透光性。

6. 常见病虫害　主要病害有灰霉病、白粉病、疫病，主要虫害有蚜虫、瓜绢螟等。

7. 采收　从开花到采收一般需 12～15 天，采收时稳拿轻放，分级包装。

（三）第三茬　秋冬莴笋

1. 品种选择　选用优质、高产、抗病性好的品种，如金农莴笋等。

2. 播种育苗 种子浸种6～8小时，捞起用纱布包好放在冰箱冷藏室内，24小时后取出用清水清洗，再放入冰箱48小时，待有大部分种子露白即可播种。9月初温度高、光照强，应在覆盖遮阳网的钢架大棚里播种育苗。为播种均匀，可用细沙拌种后撒播，播后苗床覆盖遮阳网。每天要浇水1次，3天左右出苗后及时用竹拱棚拱起遮阳网，长出真叶后要及时间苗，真叶3～4片时及时移栽，秧龄20～25天。

3. 整地作畦 每亩施腐熟有机肥2 000～3 000千克、硫酸钾三元复合肥（氮∶磷∶钾＝17∶17∶17）30～40千克、硼砂1.5～2千克作基肥。深翻作畦，畦宽（连沟）1.5～1.6米，沟宽40～50厘米。

4. 定植 每畦定植4行，株距35厘米，每亩栽5 000株。

5. 栽培管理

（1）肥水管理。定植20天左右、真叶长出6～8片开始追肥，施硫酸钾三元复合肥（氮∶磷∶钾＝17∶17∶17）15千克。茎部开始膨大时，每亩施高钾三元复合肥30～40千克，并经常保持田间湿润状态，以利于生长。

（2）生长调控。在笋茎膨大期，叶面喷洒350毫克/升矮壮素，能提高莴笋的产量和质量。

6. 常见病虫害 主要病害有霜霉病、软腐病、灰霉病、菌核病，主要虫害有蚜虫等。

7. 采收 莴笋主茎顶端与最高叶片的叶尖相平时，为收获适期。采收时用刀贴地面切下，削平基部，去掉茎基部叶片，保留5～8片顶叶，然后分级捆扎上市。

大棚“春夏苦瓜-秋延小尖椒”高效种植模式

一、立地条件

适宜江苏、浙江、上海等长江流域地区郊区基地。

二、茬口安排与预期产量

茬口	种植方式	种植种类	播种期	定植期	采收期	预期产量（千克/亩）
第1茬	大棚多层覆盖栽培	春夏苦瓜	1月上中旬	2月中旬	5月上旬至7月上旬	4 500
第2茬	大棚避雨栽培	秋延小尖椒	7月中旬	8月中下旬	10月上旬至12月中旬	1 500

三、技术特点

1. 利用大棚多层覆膜保温技术提高大棚内温度，有效克服冬、春季低温障碍，为苦瓜的生长发育提供必要条件，确保苦瓜的正常生长和提前上市。

2. 秋延栽培，育苗期及生长前期利用网膜覆盖遮阳避雨，低温霜冻来临之际则利用大棚的保温性能增温防冻以满足辣椒生长发育的需求，从而延长其生产期，填补市场淡季。

3. 利用不同种类蔬菜的接茬栽培，较好地克服连作障碍，有利于减少蔬菜土传病害的发生。

四、关键技术

（一）第一茬　春夏苦瓜

1. 品种选择　选用台湾农友青皮苦瓜。

2. 播种育苗　白天保持棚温25℃，夜温16℃以上，促进齐苗，齐苗后注意水分、温度管理，定植前5～7天进行炼苗。瓜苗2～3叶1心时定植。

3. 定植　定植时，要求棚内土温10℃以上，气温20℃以上。行距200厘米、株距250厘米移栽，每亩栽120株。栽后浇足定根水。

4. 栽培管理

（1）温度调控。定植后以保温为主，保持小拱棚内温度20～35℃。还苗后，棚温20℃以上，揭去小棚膜。棚温超过30℃，打开大棚裙膜通风降温。

（2）肥水管理。于还苗后7天施提苗肥，每亩用尿素5千克兑水滴株。早施、淡施膨瓜肥。第1次膨瓜肥于幼瓜两拇指大时施用，每亩用硫酸钾三元复合肥（氮：磷：钾＝17：17：17）10千克、硫酸钾5千克，以后每隔7～10天施1次，用量同第1次。生长前期一般不浇水，中后期气温高、干热，应适当浇水。

（3）整枝。主蔓50厘米左右开始整枝，去弱留壮，每株留2条粗壮侧蔓上架，其余不断剪除，坐瓜后不再整枝。

5. 常见病虫害　主要病害有枯萎病、蔓枯病、疫病、白粉病，主要虫害有蓟马、蚜虫、美洲斑潜蝇等。

（二）第二茬　秋延小尖椒

1. 品种选择　弄口早椒、采风一号等。

2. 播种育苗　穴盘育苗。采取大棚网膜覆盖。播前温汤浸种，再用10%磷酸三钠浸种25分钟以钝化病毒。苗龄30～35天、8～10片真叶时定植。

3. 整地作畦　每亩施有机肥1 500千克、硫酸钾三元复合肥（氮∶磷∶钾＝17∶17∶17）30千克作基肥。深翻作畦，8米大棚作5畦，畦宽（连沟）1.5～1.6米，畦高25～30厘米。畦面铺设2条滴灌带，覆盖银黑双色地膜。

4. 定植　双行定植，每亩定植2 000株。

5. 栽培管理

（1）温度调控。前期遮阳网覆盖降温保湿。当白天温度稳定在28℃以下揭除遮阳网。当外界夜温小于15℃，晚上扣棚保温，小于10℃则应加盖小拱棚。随着气温下降，白天逐渐缩短通风量。

（2）肥水管理。前期勤浇水，促进缓苗。扣棚后以保持土壤不发白为宜。门椒和对椒坐稳后及时追肥，以硫酸钾三元复合肥（氮∶磷∶钾＝17∶17∶17）为主，每亩施15千克，并可结合叶面追肥。采收后每隔2周每亩追施硫酸钾三元复合肥10千克。

（3）搭架整枝。及时拉绳搭架，坐果后摘除分叉以下的侧枝。

6. 常见病虫害　主要病害有病毒病、炭疽病、菌核病、疫病，主要虫害有蚜虫、白粉虱、蓟马、烟青虫等。

大棚“南瓜-松花菜-莴笋”一年三茬高效种植模式

一、立地条件

适宜平原地区设施大棚栽培。

二、茬口安排与预期产量

茬口	种植方式	种植种类	播种期	定植期	采收期	预期产量（千克/亩）
第1茬	大棚多层覆盖栽培	南瓜	12月中下旬	翌年1月下旬至2月上旬	3月中旬至5月中旬	4 000
第2茬	大棚避雨栽培	松花菜	6月下旬	7月下旬	10月中下旬	2 000
第3茬	大棚秋延栽培	莴笋	9月下旬	10月下旬	翌年1月中下旬	4 000

三、技术特点

1. 利用大棚多层覆膜保温技术提高大棚内温度，有效克服冬、春季低温障碍，为南瓜的生长发育提供必要条件，确保南瓜的正常生长和提前上市。

2. 利用大棚设施进行网膜覆盖的避雨降温栽培，有效地避免夏季高温、强光、多雨、病虫害多等不利因素对松花菜生产造成的影响，提高早熟松花菜的品质与产量。

3. 秋延栽培，利用大棚的保温性能种植秋季延后莴笋，使莴笋在春节前后采收上市，提高莴笋的生产效益。

4. 利用不同种类蔬菜的接茬栽培，较好地克服连作障碍，有利于减少蔬菜土传病害的发生。

四、关键技术

（一）第一茬 南瓜

1. 品种选择 选用“圆葫1号”早南瓜。该品种为短蔓矮生型，株型直立，少分枝，生长势强。

2. 播种育苗 种子用55℃温汤浸种15分钟，待自然冷却至室温后，持续浸种6小时，捞出用0.1%高锰酸钾溶液浸种15分钟，清洗干净后在催芽箱28℃恒温条件下催芽，2天出芽。秧龄45天左右。

3. 整地作畦 每亩施有机肥1 500～2 000千克、硫酸钾三元复合肥（氮：磷：钾＝17：17：17）40千克作基肥。深翻作畦，8米大棚作4畦，畦宽（连沟）1.5～1.6米，沟宽40～50厘米。畦面铺设2行喷灌带，覆盖地膜。

4. 定植 每畦栽双行，株距50厘米×50厘米，每亩栽1 200株。栽后浇足定植水。

5. 栽培管理

（1）温湿调控。定植后，前期以保温为主，外界温度5℃以下采取“大棚＋小拱棚”保温，遇0℃以下低温，采取“大棚＋小拱棚＋保温毯”保温，3 月以后注意通风降湿。一般白天维持在 20～30℃，夜间保持在 10℃以上，最低温度不低于 5℃。

（2）肥水管理。坐果以后开始追肥，以后每采收 1～2 次追肥 1 次，每次每亩施用高钾水溶肥 8～10 千克。

6. 保花保果 正常生产条件下一般无需保花保果，但遇植株徒长或温度过低时，可用防落素喷花保果。

7. 常见病虫害 主要病害有白粉病、灰霉病等，主要虫害有蚜虫、白粉虱等。

8. 采收 一般雌花开放后 7～12 天、单瓜重 350～450 克为采收适期。

（二）第二茬 松花菜

1. 品种选择 选择耐高温、品质好的品种，如庆一耐热松花菜 60 天。

2. 播种育苗 早熟松花菜播期在 6 月下旬，播种前要将土地整理平整，土壤要耙细，浇水要适量，待水分浸润苗床后，将种子掺上细土进行撒播，每亩需 10 克种子，需苗床 12 米^2。苗龄 30～35 天，幼苗有 4～5 片真叶即可定植。

3. 定植 采取免耕栽培。利用旧膜开穴定植，或栽于原定植孔，不施基肥，不翻耕，省时省力，节约成本。定植前 1～2天用滴灌浇透水，大棚覆盖遮阳网。株行距 35 厘米×40 厘米，每亩栽 2 000 株。移栽后要浇足定植水。

4. 栽培管理

（1）肥水管理。定植后小水勤浇，促进成活。缓苗后开始控苗，抑制过快生长。缓苗后追施 1 次肥，每亩施尿素 5 千克，莲座期松花菜生长加快，追肥 1 次，每亩施平衡型水溶肥

（氮∶磷∶钾＝20∶20∶20）5千克＋尿素5千克。现球后每亩施高钾水溶肥（氮∶磷∶钾＝20∶10∶30）5千克＋尿素5千克，1周后再追施1次。

（2）温光管理。前期气温高、光照强，需覆盖遮阳网，一般定植后1个月左右揭遮阳网。视天气情况决定遮阳网揭除时间。

（3）盖花球。当花球直径达到10～15厘米时，折靠近花球的2～3片外叶覆盖花球，或用专用纸袋盖花球。

5. 常见病虫害　主要病害为黑腐病，主要虫害有斜纹夜蛾、甜菜夜蛾等。

6. 采收　当花球边缘稍带散状时为采收适期，采收时要保留3～4片内叶护花，以免装运时碰伤花球。

（三）第三茬　莴笋

1. 品种选择　选择优质抗病、抗寒品种，如永安2号莴笋等。

2. 播种育苗　大棚莴笋适宜播期为9月20日前后。播前种子要浸种4小时，清洗干净后，用湿毛巾包裹置冰箱里冷藏2～3天，种子露白后取出拌磷肥或细沙，均匀撒在苗床上。苗龄25天左右、莴笋苗出4～5片真叶时即可移栽。

3. 整地作畦　松花菜采收后及时清理残株，每亩施有机肥1 500～2 000千克、硫酸钾三元复合肥（氮∶磷∶钾＝17∶17∶17）40千克、硼肥1千克作基肥。深翻作畦，8米大棚作4畦，畦宽（连沟）1.5～1.6米，沟宽40～50厘米。畦面铺设2行喷灌带，覆盖地膜。

4. 移栽　每畦栽4行，株行距25厘米×25厘米，每亩栽4 500～5 000株。栽后要浇足定根水。

5. 栽培管理

（1）温度管理。前期温度较高，注意通风降温，防止温度过高，引起先期抽薹。5℃以下大棚夜间要闭棚保温，但白天仍要注意通风降湿。后期遇－2℃以下低温时，可在莴笋植株浮面覆盖1层旧膜防止冻害发生。

（2）肥水管理。定植后缓苗前要小水勤浇，保持土壤湿润；膨大期水分要充足；生长后期要适当控制水分，以免嫩茎开裂或软腐、烂根。

全生育期追肥3次。第1次施肥在莴笋定植半个月后、小开盘期，追肥1次，每亩施尿素5千克。第2次施肥在莴笋大开盘期，在每4株莴笋中间打孔穴施复合肥，每亩施硫酸钾三元复合肥50千克。第3次施肥在莴笋茎膨大期，用滴灌每亩追施平衡型水溶肥（氮：磷：钾＝20：20：20）10千克。莲座期后结合防病，叶面可喷硼、钼等微量元素2～3次。

6. 常见病虫害 主要病害有霜霉病、菌核病，主要虫害为蚜虫。

7. 采收 莴笋外叶与心叶齐平时为采收适期。采收时用刀贴地面切下，削平基部，去掉茎基部叶片，保留5～8片顶叶，然后分级捆扎上市。

大棚“苋菜-丝瓜-芹菜”一年三茬高效种植模式

一、立地条件

适宜浙西平原地区。

二、茬口安排与预期产量

茬口	种植方式	种植种类	播种期	定植期	采收期	预期产量（千克/亩）
第1茬	大棚多层覆盖栽培	苋菜	1月中下旬	—	3月中旬至4月中旬	1 500
第2茬	大棚避雨栽培	丝瓜	1月中下旬	3月中旬	4月下旬至10月中旬	3 500
第3茬	大棚秋延栽培	芹菜	9月中旬	10月下旬	12月中下旬	4 000

三、技术特点

1. 利用大棚多层覆膜保温技术提高大棚内温度，有效克服冬、春季低温障碍，为丝瓜的生长发育提供必要条件，确保丝瓜的正常生长和提前上市。

2. 利用大棚设施进行网膜覆盖的避雨降温栽培，有效地避免秋季高温、强光、多雨、病虫害多等不利因素对芹菜生产造成的影响，提高芹菜的品质与产量，提高生产效益。

3. 利用苋菜、丝瓜不同生长高度作物间作套种，可充分利用光能，提高光能利用率，提高单位面积产量和效益。

4. 利用不同种类蔬菜的接茬栽培，较好地克服连作障碍，有利于减少蔬菜土传病害的发生。

四、关键技术

（一）第一茬 苋菜

1. 品种选择 选择早熟品种，具有抗逆、抗病、优质高产等特点，如一点红等。

2. 整地作畦 选择腐殖质含量较高，土层深厚，土质肥沃、疏松，排灌方便，地势平坦的地块种植。每亩施腐熟农家肥2 500～3 000千克、硫酸钾三元复合肥（氮∶磷∶钾＝17∶17∶17）30千克作基肥。深翻作畦，畦宽（连沟）1.5～1.6米，沟宽40～50厘米。

3. 适时播种 播种前要浇足底水。早春气温低，出苗率低，播种量要加大，每亩用种量3～4千克。为了播种均匀，要把种子拌在草木灰里或者细沙里播种。播种后盖土0.5厘米左右，然后覆上地膜或者扣上小拱棚保温增湿，最后闭棚保温。

4. 栽培管理

（1）温度管理。苋菜生长前期以增温保温为主；生产后期气温回升，棚内温度上升较快，当棚内温度高过30℃时，要及时通风降温。晚上温度低，要闭棚保温。

（2）肥水管理。播种时浇足底水，出苗前一般不再浇水。出苗后如遇低温切忌浇水，以免引起死苗。如遇天气晴好，结合追肥进行浇水。

当苋菜有2片真叶舒展时进行间苗，间完苗进行第1次追肥，一般每亩撒尿素10千克、硫酸钾三元复合肥15千克，撒完肥后随之浇大水，使肥料溶化，防止肥料灼伤植株。

5. 常见病虫害 主要病害有猝倒病和白锈病，虫害较少。

6. 采收 一般株高30厘米左右时可陆续采收。

（二）第二茬 丝瓜

1. 品种选择 衢丝1号。

2. 播种育苗 播前用50～60℃温水浸种15分钟，冷却后浸泡6小时，用清水洗净播种。分2段育苗：第1段采用电加热无土基质播种育苗；第2段采用营养钵育苗，子叶带心叶时移入营养钵，每钵2株苗。

3. 定植 采用标准6米大棚作3畦，畦中间种1行，穴距80厘米，每穴2株。

4. 栽培管理

（1）肥水管理。定植后浇0.5%硫酸钾三元复合肥（氮∶磷∶钾＝17∶17∶17）2次。开始坐瓜后，结合追肥，每亩追施硫酸钾三元复合肥8～10千克，一般7～10天灌施1次肥水，一般温度越高肥料浓度越低。

（2）植株调整。每穴留4蔓，采用拉链带双行吊蔓形成“V”字形吊法，蔓距4厘米，吊蔓时间为看到雌花开始吊蔓，雌花安排在离地面40厘米左右吊蔓，2米左右打顶，一般每蔓结3～5条瓜，可充分利用大棚有限空间，提高前期产量。

第2批瓜在第1批瓜采收结束时在结瓜蔓上留3个侧蔓，把其余侧蔓抹掉。当侧蔓长到5～6片叶时打顶及摘去第1批瓜的老叶。第3批瓜留蔓只保留第1批蔓的一半，其余一半隔株剪掉。

（3）保花保果。用0.1%坐果灵喷施当天开花或第2天开花的幼瓜或浸瓜。当气温高时，每小包（10毫升）加水1.5千克；当气温低时，加水0.75～1.0千克。

5. 常见病虫害 主要病害有霜霉病、蔓枯病、白粉病，主要虫害有瓜绢螟、瓜实蝇、潜叶蝇等。

6. 采收 一般开花后10～14天、果实充分长大后及时采收。采摘宜在早晨露水干后进行，用剪刀从果柄处剪下，分级整理包装后上市销售。

（三）第三茬 芹菜

1. 品种选择 选用本地播种芹菜。

2. 播种育苗 选择地势高燥、排灌方便、通风好、土质肥沃的土地且有薄膜覆盖的大棚内。播种前要施足底肥，深翻整平整细，作畦，畦宽（连沟）1.3～1.5米。在播种前1～2天浇足水分，待稍干后锄松畦面表土再播种。种子用50～55℃温汤浸种20分钟，在冷水中继续浸种20～24小时后，用手揉搓2～3次置于冰箱冷藏室，也可吊在井中距水面30～40厘米高处催芽，催芽适温为20～22℃。待有50%种子萌发后即可播种。每平方米撒播1～2克种子，播后盖细土0.5厘米，然后在畦面覆盖遮阳网。出苗后，及时揭除畦面上的遮阳网。要小水勤浇，保持土壤见干见湿。1～2叶期间苗，苗距3厘米，以保证秧苗健壮生长。秧苗有5～6片真叶，苗龄40天时定植。

3. 整地作畦　每亩施优质有机肥 2 000～2 500 千克、硫酸钾三元复合肥（氮：磷：钾＝17：17：17）30～40 千克、硼砂 2 千克、钙镁磷肥 50 千克，全田撒施翻耕入土，然后翻耕、作畦。畦宽（连沟）1.5～1.6 米，沟宽 40～50 厘米。

4. 定植　每亩定植 15 000～18 000 丛，栽后浇足定根水。

5. 肥水管理　定植后要小水勤浇，保持土壤湿润。追肥可结合浇水每 5 天 1 次，少量多次，每次每亩施尿素 7.5 千克＋硫酸钾三元复合肥（氮：磷：钾＝17：17：17）3 千克。收获前 25 天可喷 2 次赤霉素 20～40 毫克/升。

6. 常见病虫害　主要病害有叶斑病、斑枯病、病毒病、菌核病等，主要虫害有蚜虫、美洲斑潜蝇等。

7. 采收　当株高达到 40～50 厘米时，即可采收上市。

大棚“早春黄瓜-夏秋丝瓜-冬芹菜”高效种植模式

一、立地条件

适宜浙西低海拔丘陵山区及气候相似地区。

二、茬口安排与预期产量

茬口	种植方式	种植种类	播种期	定植期	采收期	产量（千克/亩）
第1茬	大棚早春栽培	早春黄瓜	1月上中旬	2月中下旬	3月下旬至6月下旬	4 000
第2茬	大棚夏秋栽培	夏秋丝瓜	6月中下旬	7月上旬	8月中旬至11月上旬	2 500
第3茬	大棚冬季栽培	冬芹菜	9月上旬	11月上旬	翌年1月中旬至2月中旬	3 000

三、技术特点

1. 利用大棚多层覆膜保温技术提高大棚内温度，有效克服冬、春季低温障碍，为黄瓜的生长发育提供必要条件，确保黄瓜的正常生长和提前上市。

2. 充分利用黄瓜早春架材，种植夏秋丝瓜，省钱省力，提高土地资源和大棚设施的利用率。冬季种植大棚芹菜有利于促进芹菜生长，而且大棚设施可有效避免因雪灾导致芹菜倒伏，从而提高设施蔬菜生产效益。

3. 利用不同种类蔬菜的接茬栽培，较好地克服连作障碍，有利于减少蔬菜土传病害的发生。

四、关键技术

（一）第一茬　大棚早春黄瓜

1. 品种选择　博新5-1、浙秀302、津优12号等。

2. 播种育苗　1月上中旬播种，采用穴盘育苗，播前用55℃温汤浸种15分钟，然后在25～30℃恒温条件下催芽，芽出齐后播种，电热线加温育苗，多层覆盖保温，采用黑籽南瓜嫁接，苗龄45～50天，4叶1心时定植。早春黄瓜定植前5～7天需进行低温炼苗，同时控制浇水。

3. 整地作畦　每亩施腐熟有机肥2 000～3 000千克、硫酸钾三元复合肥（氮：磷：钾＝17：17：17）50～60千克、钙镁磷肥25千克作基肥。深翻作畦，畦宽（连沟）1.5～1.6米，沟宽40～50厘米，畦高20～25厘米。

4. 定植　4叶左右为定植最适期，1畦种植2行，株距30～35厘米。每亩定植2 000～2 500株。

5. 栽培管理

（1）肥水管理。追肥重点是从根瓜膨大期开始至结瓜盛期，遵循少量多次原则，每10～15天1次，每次每亩施硫酸钾三元复合肥（氮：磷：钾＝17：17：17）10～15千克。

（2）整枝。当蔓长25～30厘米时吊蔓，单秆整枝，及时除去卷须、化瓜、老黄叶。采收后期留1～2个侧枝进行摘心打顶，可促生回头瓜。

6. 常见病虫害 主要病害有霜霉病、枯萎病、疫病、细菌性角斑病，主要虫害有黄守瓜、蚜虫、蓟马等。

（二）第二茬 夏秋丝瓜

1. 品种选择 衢丝1号、五叶香丝瓜等。

2. 播种育苗 6月中下旬播种，采用穴盘育苗，10天苗龄，2叶1心定植。

3. 定植 每亩定植400～450株，移栽后要浇足水。

4. 栽培管理

（1）肥水管理。由于前茬肥力充足，用肥量可适当减少，一般不用再施基肥，勤施薄肥，结瓜期每采收2～3批瓜追施1次硫酸钾三元复合肥（氮∶磷∶钾＝17∶17∶17）10～15千克。雨季注意及时清沟排渍。

（2）整枝。植株抽蔓时，及时搭架，并根据植株长势随时绑蔓，双蔓整枝，利用前茬黄瓜人字架，横向引蔓。摘除老叶、病叶以利于通风。

5. 常见病虫害 主要病害有褐斑病、炭疽病、蔓枯病、疫病、病毒病，主要虫害有斜纹夜蛾、蚜虫等。

6. 采收 果实充分膨大后及时采收。

（三）第三茬 冬芹菜

1. 品种选择 上海黄心芹、本地土芹菜等。

2. 播种育苗 种子用100～200毫克/升的赤霉素浸种24小时，打破芹菜种子休眠，可提高种子的出苗率。每平方米撒播

1～2 克种子，盖细土 0.5 厘米厚，畦面覆盖遮阳网、草帘或作物秸秆，降温、保湿、防雨。出苗后选阴天逐渐撤去覆盖物，苗龄 40～50 天，4～5 片叶时即可定植。

3. 整地作畦　每亩施优质有机肥 2 000～2 500 千克、硫酸钾三元复合肥（氮：磷：钾＝17：17：17）30～40 千克、硼砂 2 千克、钙镁磷肥 50 千克作基肥。深翻作畦，畦宽（连沟）1.5～1.6 米，沟宽 40～50 厘米。

4. 定植　株行距 10×20 厘米，每亩 30 000 株。

5. 肥水管理　定植后定期浇水，保持土壤湿润，防止高温伤苗。苗期结合浇水追施 1～2 次速效氮肥。缓苗后适当控水促根。当日平均气温降至 20℃左右时，植株开始迅速生长，应及时浇水追肥，一般追肥 2～3 次，追肥每次每亩用硫酸钾三元复合肥（氮：磷：钾＝17：17：17）5 千克兑水浇施，把握薄肥勤施原则，确保养分的均衡供应，保持土壤湿润。后期叶面喷施天然芸薹素 3 000 倍液及 0.1%硼砂，提高芹菜品质。

6. 常见病虫害　主要病害有叶斑病、疫病、软腐病等，主要虫害为蚜虫。

7. 采收　当株高达到 40～50 厘米时，即可采收上市。

大棚“早春毛豆-夏速生叶菜-秋延黄瓜”一年三茬高效种植模式

一、立地条件

适宜浙西丘陵地区及气候相似地区设施栽培。

二、茬口安排与预期产量

茬口	种植方式	种植种类	播种期	定植期	采收期	产量（千克/亩）
第1茬	大棚春季提早栽培	早春毛豆	2月上旬	2月下旬	4月下旬至5月下旬	800
第2茬	大棚避雨栽培	夏速生叶菜	6月上旬	—	7月中下旬	2 000
第3茬	大棚延后栽培	秋延黄瓜	8月上旬	8月下旬	10月上旬至11月下旬	4 000

三、技术特点

1. 利用大棚多层覆膜保温技术提高大棚内温度，有效克服冬、春季低温障碍，为早春毛豆的生长发育提供必要条件，确保毛豆的正常生长和提前上市。

2. 利用不同种类蔬菜的接茬栽培，较好地克服连作障碍，有利于减少蔬菜土传病害的发生。

3. 在夏季叶菜类蔬菜上市淡季，采用避雨栽培的方式种植速生叶菜，种植效益较好。

四、关键技术

（一）第一茬　早春毛豆

1. 品种选择　选择耐低温能力强、熟期早、品质优、稳产高产的春大豆新品种，如 95－1 等。

2. 播种育苗　选用无污染的壤土 80%、腐熟农家肥 20%、0.2%过磷酸钙配制营养土，堆置 1～2 个月。适时播种，采用地热线增加地温，加快毛豆出苗和生长，当幼苗达到 2～3 片真叶时，选择晴天进行定植。

3. 整地作畦　每亩施优质腐熟有机肥 2 000～3 000 千克、硫酸钾三元复合肥（氮：磷：钾＝17：17：17）30 千克、钙镁磷肥 25 千克、硼砂 1 千克作基肥。深翻作畦，畦宽（连沟）1.3～1.4 米，沟宽 40～50 厘米。

4. 定植　早春大棚促早栽培，行穴距一般 20～25 厘米，每穴 2～3 株。

5. 栽培管理

（1）温度管理。以保温为主，注意通风降湿，减少病虫害。

（2）肥水管理。苗期追肥根据生长状况及时施肥 1～2 次，每次每亩施硫酸钾三元复合肥（氮：磷：钾＝17：17：17）7.5～10 千克，随水浇施。开花初期每亩增施钾肥 10～15 千克，叶面喷施 0.1%硼肥 1～2 次，可有效提高产量。因毛豆根系有固氮菌，后期可减少氮肥的使用。

（3）摘心。采用摘心打顶可控制植株生长过旺，有利于促进早熟、增产。

6. 常见病虫害 主要病害有灰霉病、锈病等，主要虫害有小地老虎、叶螨、斜纹夜蛾。

（二）第二茬 夏速生叶菜

1. 品种选择 早熟5号、美冠青梗菜、动力快菜等。

2. 直播 夏季速生叶菜播种方式以撒播为主，每亩用种量750～1 000克。

3. 整地作畦 每亩施腐熟有机肥1 000千克、硫酸钾三元复合肥（氮：磷：钾＝17：17：17）25千克作基肥，然后深翻作畦，畦宽（连沟）1.3～1.4米，沟宽40～50厘米。

4. 栽培管理

（1）采用避雨栽培。可以减少病害，提高小白菜品质。

（2）间苗。齐苗后要及时间苗，在2～3片真叶时进行。间去过密的小苗，同时拔除病、弱植株，使菜苗均匀生长。

（3）肥水管理。植株长至3片真叶后，追1次氮肥，每亩用尿素7.5～10千克。

5. 常见病虫害 主要病害有霜霉病、软腐病，主要虫害有菜青虫、蚜虫。

（三）第三茬 秋延黄瓜

1. 品种选择 津优12号、博美409、致绿0159等。

2. 播种育苗 播前用55℃温水浸种15分钟，25～30℃恒温、保湿条件下催芽，芽出齐后播入50孔穴盘，前期温度高，注意防治幼苗徒长。

3. 整地作畦　每亩施腐熟有机肥3 000千克、硫酸钾三元复合肥（氮：磷：钾＝17：17：17）30千克、过磷酸钙20千克作基肥，深翻作畦，畦宽（连沟）1.5～1.6米，沟宽40～50厘米。

4. 定植　每亩定植2 000～2 200株，栽后浇足定植水。

5. 栽培管理

（1）肥水管理。采收期，勤施薄肥，每隔7天每亩施硫酸钾三元复合肥10千克。

（2）搭架整枝。植株抽蔓时，及时架设吊蔓设施或搭人字架，并根据植株长势随时绑蔓、单秆整枝、打顶。

6. 常见病虫害　主要病害有霜霉病、炭疽病、细菌性角斑病，主要虫害有黄守瓜、蚜虫。

大棚“西瓜-芹菜”一年两茬高效种植模式

一、立地条件

适宜浙江、江西、安徽等长江中下游种植瓜菜的平原地区。

二、茬口安排与预期产量

茬口	种植方式	种植种类	播种期	定植期	采收期	预期产量（千克/亩）
第1茬	大棚长季栽培	西瓜	1月下旬至2月上旬	3月上中旬	5月中旬至10月下旬	7 000
第2茬	大棚越冬栽培	芹菜	9月上旬	10月下旬至11月上旬	翌年1月中下旬	3 000

三、技术特点

1. 夏、秋季利用大棚的避雨功能，为西瓜生长创造适宜环境，加之微灌技术、高温下护根技术等栽培管理措施的应用，延长西瓜生长期和采收期，实现西瓜长季节栽培。

2. 当年大棚西瓜采收后至翌年西瓜移地种植有长达4个

月的空档期，瓜农有精力在空闲大棚内再种一茬生长期短的冬茬蔬菜，从而提高土地资源和大棚设施的利用率，提高设施蔬菜生产效益。

3. 利用不同种类蔬菜的接茬栽培，较好地克服连作障碍，有利于减少蔬菜土传病害的发生。

四、关键技术

（一）第一茬　西瓜

1. 品种选择　选用新疆农业科学院选育的早佳 8424 品种。

2. 播种育苗　选用无病干燥园土、水稻土或取河泥作营养土，配施一定肥料，于 1 月底选择“冷尾暖头”将催芽处理过的种子播于营养钵中，盖好薄膜，夜间需加盖保温毯等覆盖物，密闭大棚。白天保持棚温 25℃，夜温 16℃以上，促进齐苗，齐苗后注意水分、温度管理，定植前 5～7 天进行炼苗。

3. 定植　瓜苗 2～3 叶 1 心时定植。定植时，要求棚内土温 10℃以上、气温 20℃以上，每亩栽植 300 多株。

4. 栽培管理

（1）温度管理。定植后以保温为主，保持小拱棚内温度 20～35℃。还苗后，棚温 20℃以上，揭去小棚膜。棚温超过 30℃，选择大棚背风处通风降温。棚温超过 35℃时，应逐步降温，防止降温过快造成伤苗。

（2）肥水管理。于还苗后 7 天施提苗肥，每亩用尿素 5 千克兑水滴株。早施、淡施膨瓜肥。第 1 次膨瓜肥于幼瓜鸡蛋大时施用，每亩施硫酸钾三元复合肥（氮：磷：钾＝17：17：17）10 千克、硫酸钾 5 千克，以后每隔 7～10 天施 1 次，用量同第1次。每采1批瓜后施1次壮瓜肥，然后再坐瓜。生长前期一般不浇水，中后期气温高、干热，应适当浇水。

（3）整枝。主蔓长至60厘米左右开始整枝，去弱留壮，每株留2条粗壮侧藤，其余不断剪除，坐瓜后不再整枝。

5. 常见病虫害 主要病害有枯萎病、蔓枯病、疫病、白粉病，主要虫害有蓟马、蚜虫、美洲斑潜蝇。

（二）第二茬 芹菜

1. 品种选择 选用黄心芹、本地土芹菜等品种。

2. 播种育苗 苗床宜选择在阴凉的地方或采用遮阳网覆盖育苗。种子应先浸种12～24小时后，放在冷凉处（吊于水井或放于冰箱内）催芽，3～4天后有80%种子出芽后播种。待有50%以上的种子萌发后即可播种。每平方米撒播1～2克种子，播后盖细土0.5厘米，然后在畦面覆盖遮阳网。出苗后，及时揭除畦面上的遮阳网。要小水勤浇，保持土壤见干见湿。1～2叶期间苗，苗距3厘米，以保证秧苗健壮生长。秧苗有5～6片真叶、苗龄40天时定植。

3. 整地作畦 每亩施优质有机肥2 000～2 500千克、硫酸钾三元复合肥（氮：磷：钾＝17：17：17）30～40千克、硼砂2千克、钙镁磷肥50千克作基肥。深翻作畦，一般每个毛竹瓜棚作3畦，畦宽（连沟）1.6米。

4. 定植 11月上中旬定植，株行距为（10～12）厘米×（15～18）厘米。栽后要浇足定根水。

5. 栽培管理

（1）肥水管理。定植后要保持土壤湿润，促进成活，生长中后期要经常保持土壤湿润状态，促进芹菜生长。因西瓜大棚栽培用肥较多，西瓜采收后瓜田较肥，后茬种植芹菜应适当少施肥料，追肥应勤追淡施，注意施用适量硼肥（每亩施 0.5～0.7 千克硼酸）。

（2）温度管理。当外界夜温低于 10℃时，覆盖大棚膜保温促长。

（3）生长调控。上市前 10～15 天，叶面喷施 30～40 毫克/升赤霉素溶液，提高品质和产量。

6. 常见病虫害　主要病害有叶斑病、疫病、软腐病等，主要虫害为蚜虫。

7. 采收　当株高达到 40～50 厘米时，即可采收上市。

大棚“苋菜-苦瓜-莴笋-菜薹”高效种植模式

一、立地条件

适宜浙西低海拔丘陵山区及气候相似地区。

二、茬口安排与预期产量

茬口	种植方式	种植种类	播种期	定植期	采收期	预期产量（千克/亩）
第1茬	大棚春季提早栽培	苋菜	1月下旬至2月上旬	—	4月上旬至5月上旬	1 500
第2茬	大棚早春间作套种	苦瓜	2月上中旬	3月上中旬	5月中旬至9月上旬	3 000
第3茬	大棚避雨遮阳栽培	莴笋	9月上旬	9月下旬	11月中旬	3 000
第4茬	大棚冬季栽培	菜薹	11月中旬	—	翌年1月中下旬	1 500

三、技术特点

1. 初春寒冷时节利用大棚多层覆盖的保温性能，同时协调好棚内温度、光照、湿度之间的矛盾，满足提前播种苋菜、苦瓜生长的必需条件，以达到提早上市、高产、高效。

2. 利用大棚设施进行遮阳网、大棚膜覆盖的避雨降温栽培，有效地避免秋季高温、强光、多雨、病虫害多等不利因素对莴笋苗期生长造成的影响，有利于莴笋正常生长，提高莴笋的品质与产量，提高生产效益。

3. 利用苋菜、苦瓜不同生长高度作物间作套种，可充分利用光能，提高光能利用率，提高单位面积产量和效益。

4. 利用不同种类蔬菜的接茬栽培，较好地克服连作障碍，有利于减少蔬菜土传病害的发生。

四、关键技术

（一）第一茬　苋菜

1. 品种选择　选择早熟品种，具有抗逆、抗病、优质高产等特点，如一点红等。

2. 整地作畦　选择腐殖质含量较高，土层深厚，土质肥沃、疏松，排灌方便，地势平坦的地块种植。每亩施腐熟农家肥2 500～3 000千克、硫酸钾三元复合肥（氮：磷：钾＝17：17：17）30千克作基肥。深翻作畦，畦宽（连沟）1.5～1.6米，沟宽40～50厘米。

3. 适时播种　播种前要浇足底水。早春气温低，出苗率差，播种量要加大，每亩用种量3～4千克。为了播种均匀，要把种子拌在草木灰里或者细沙里播种。播种后盖土0.5厘米左右，然后覆上地膜或者扣上小拱棚保温增湿，最后闭棚保温。

4. 栽培管理

（1）温度管理。苋菜生长前期以增温保温为主，生产后期气温回升，棚内温度上升较快，当棚内温度高过30℃时，要及时通风降温。晚上温度低，要闭棚保温。

（2）肥水管理。播种时浇足底水，出苗前一般不再浇水。出苗后如遇低温切忌浇水，以免引起死苗。如遇天气晴好，结合追肥进行浇水。

当苋菜有2片真叶舒展时进行间苗，间完苗追1次肥，每亩撒尿素10千克、硫酸钾三元复合肥15千克，随后浇大水使肥料溶化，防止肥料灼伤植株。

5. 常见病虫害 主要病害有猝倒病和白锈病，虫害较少。

6. 采收 当株高30厘米左右时，可陆续采收。

（二）第二茬 苦瓜

1. 品种选择 选择高产、抗病、耐高温品种，如碧绿苦瓜等。

2. 播种育苗 用55℃温水浸种15分钟，再于30℃温水中浸种10～12小时，然后在25～30℃恒温条件下催芽，待种子60%～70%露白后，播于穴盘中育苗。苗期控制水肥，避免大水大肥，幼苗长至4叶1心期即可移栽定植。

3. 定植 3月上中旬间作套种于苋菜地里。按行距300厘米、株距180厘米，培土作栽培土墩，苦瓜每亩栽约120株。

4. 栽培管理

（1）肥水管理。苋菜采收结束后结合苦瓜种植墩培土，每亩施商品有机肥1 000千克+硫酸钾三元复合肥（氮：磷：钾＝17：17：17）10千克。结果初期每亩追施硫酸钾三元复合肥20千克，保持土壤湿润。结果盛期追肥2～3次，随水每次每亩施硫酸钾三元复合肥10～15千克。苦瓜不耐涝，夏季雨水较多。因此，要做好防涝排水工作。

（2）搭架整枝。苦瓜开始抽蔓时搭架，爬蔓初期可以人工绑蔓，引蔓上架。株高 1.2 米以内的侧蔓、幼瓜要及时疏除，减少养分消耗，促进主蔓生长。

5. 常见病虫害　主要病害有白粉病、炭疽病，主要虫害有瓜蚜、烟粉虱、瓜实蝇。

（三）第三茬　莴笋

1. 品种选择　选用优质、高产、抗病性好的品种，如金农莴笋等。

2. 播种育苗　浸种 6～8 小时后捞起，用纱布包好放在冰箱冷藏室内低温处理 2～3 天，待大部分种子露白即可播种。9 月初温度高、光照强，应在覆盖遮阳网的钢架大棚里播种育苗。为了播种均匀，可用细沙拌种后撒播。播后苗床覆盖遮阳网，每天要浇水 1 次，3 天左右出苗后及时用竹拱棚拱起遮阳网，长出真叶后要及时间苗。3～4 片真叶时及时移栽，秧龄 20～25天。

3. 整地作畦　每亩施腐熟有机肥 2 000～3 000 千克、硫酸钾三元复合肥（氮：磷：钾＝17：17：17）30～40 千克、硼砂 1.5～2 千克作基肥。深翻作畦，畦宽（连沟）1.5～1.6 米，沟宽 40～50 厘米，畦高25 厘米。

4. 定植　每畦定植 4 行，株距 35 厘米，每亩栽 5 000 株。

5. 栽培管理

（1）肥水管理。定植 20 天左右植株长出 6～8 片真叶时开始追肥，每亩施硫酸钾三元复合肥（氮：磷：钾＝17：17：17）15 千克。当茎部开始膨大时，每亩施高钾三元复合肥 30～40千克，并经常保持田间湿润状态，以利于生长。

（2）生长调控。笋茎膨大期，叶面喷洒 350 毫克/升的矮壮素，能提高莴笋的产量和质量。

6. 常见病虫害 主要病害有霜霉病、软腐病、灰霉病、菌核病等，主要虫害为蚜虫。

7. 采收 当莴笋主茎顶端与最高叶片的叶尖相平时，为收获适期。采收时用刀贴地面切下，削平基部，去掉茎基部叶片，保留5～8片顶叶，然后分级捆扎上市。

（四）第四茬 菜薹

1. 品种选择 选用抗寒性强、主侧薹兼收的晚熟品种，如广东菜心、白菜心等。

2. 直播 菜薹多采用条（直）播，按17厘米行距开沟，每亩播种400克左右。幼苗出土后要及时间苗，保证幼苗有6～7厘米的株距。5～6片真叶时定苗，株距13厘米左右。

3. 肥水管理 一般每亩施用腐熟农家肥3 000千克、过磷酸钙20千克、硫酸钾三元复合肥（氮∶磷∶钾＝17∶17∶17）30千克作底肥。在间苗定苗后第1次追肥，每亩施尿素15～20千克。植株现蕾抽薹时第2次追肥，每亩施含高氮三元复合肥10～15千克。长势弱、叶片较薄、叶色较淡的植株，可用磷酸二铵或磷酸二氢钾追肥。如植株长势较旺，应适当减少追肥量。

4. 常见病虫害 病害不常见，主要虫害有菜青虫、蚜虫等。

5. 采收 当心叶与外叶相平时，即可采收。也可根据市场菜价情况适时采收上市。

大棚“苋菜-苦瓜-莴笋-生菜”高效种植模式

一、立地条件

适宜浙西低海拔丘陵山区及气候相似地区。

二、茬口安排与预期产量

茬口	种植方式	种植种类	播种期	定植期	采收期	预期产量（千克/亩）
第1茬	大棚春季提早栽培	苋菜	1月下旬至2月上旬	—	4月上旬至5月上旬	1 500
第2茬	大棚早春间作套种	苦瓜	2月上中旬	3月上中旬	5月中旬至9月上旬	2 500
第3茬	大棚避雨遮阳栽培	莴笋	9月上旬	9月下旬	11月中旬	3 000
第4茬	大棚冬季栽培	生菜	11月中旬	12月中旬	翌年2月上旬至3月上旬	1 500

三、技术特点

1. 利用大棚多层覆膜保温技术提高大棚内温度，有效克服冬、春季低温障碍，为苋菜、苦瓜的生长发育提供必要条件，确保苋菜、苦瓜的正常生长和提前上市。

2. 利用大棚设施进行遮阳网、大棚膜覆盖的避雨降温栽培，有效地克服秋季高温、强光、多雨、病虫害多等不利因素对莴笋苗期生长造成的影响，有利于莴笋正常生长，提高莴笋的品质与产量，提高生产效益。

3. 利用苋菜、苦瓜不同生长高度作物间作套种，可充分利用光能，提高光能利用率，提高单位面积产量和效益。

4. 利用不同种类蔬菜的接茬栽培，较好地克服连作障碍，有利于减少蔬菜土传病害的发生。

四、关键技术

（一）第一茬　苋菜

1. 品种选择　选择早熟品种，具有抗逆、抗病、优质高产等特点，如一点红等。

2. 整地作畦　选择腐殖质含量较高，土层深厚，土质肥沃、疏松，排灌方便，地势平坦的地块种植。每亩施腐熟农家肥2 500～3 000千克、硫酸钾三元复合肥（氮：磷：钾＝17：17：17）30千克作基肥。深翻作畦，畦宽（连沟）1.5～1.6米，沟宽40～50厘米。

3. 适时播种　播种前要浇足底水。早春气温低，出苗率差，播种量要加大，每亩用种量3～4千克。为了播种均匀，要把种子拌在草木灰里或者细沙里播种。播种后用盖土0.5厘米左右，然后覆上地膜或者扣上小拱棚保温增湿，最后闭棚保温。

4. 栽培管理

（1）温度管理。苋菜生长前期以增温保温为主，生产后期气温回升，棚内温度上升较快，当棚内温度高过 30℃时，要及时通风降温。晚上温度低，要闭棚保温。

（2）肥水管理。播种时浇足底水，出苗前一般不再浇水。出苗后如遇低温切忌浇水，以免引起死苗。如遇天气晴好，结合追肥进行浇水。

当苋菜有 2 片真叶舒展时进行间苗，间完苗进行第 1 次追肥，一般每亩撒尿素 10 千克、硫酸钾三元复合肥 15 千克，随后浇大水使肥料溶化，防止肥料灼伤植株。

5. 常见病虫害　主要病害有猝倒病和白锈病，虫害少见。

6. 采收　当株高 30 厘米左右时，可陆续采收。

（二）第二茬　苦瓜

1. 品种选择　选择高产、抗病、耐高温品种，如台湾农友“碧绿苦瓜”等。

2. 播种育苗　用 55℃温水浸种 15 分钟，水温降至常温后持续浸种 10～12 小时，然后在 25～30℃恒温条件下催芽，待种子 60%～70%露白后，播于穴盘中育苗。苗期控制水肥，幼苗长至 4 叶 1 心期即可移栽定植。

3. 定植　3 月上中旬间作套种于苋菜地里。行距 300 厘米、株距 180 厘米，培土做栽培土墩，苦瓜每亩栽约 120 株。

4. 栽培管理

（1）肥水管理。苋菜采收结束后，结合苦瓜种植墩培土每亩施商品有机肥 1 000 千克＋硫酸钾三元复合肥（氮：磷：钾＝17：17：17）10 千克。结果初期每亩追施硫酸钾三元复合肥 20 千克，保持土壤湿润。结果盛期适当追肥 2～3 次，随水每次每亩追施硫酸钾三元复合肥 10～15 千克。苦瓜不耐涝，夏季雨水较多。因此，要做好防涝排水工作。

（2）搭架上蔓。苦瓜开始抽蔓时搭架，爬蔓初期可以人工绑蔓，引蔓上架。株高1.2米以内的侧蔓、幼瓜要及时疏除，减少养分消耗，促进主蔓生长。

5. 常见病虫害 主要病害有白粉病、炭疽病，主要虫害有瓜蚜、烟粉虱、瓜实蝇。

（三）第三茬 莴笋

1. 品种选择 选用优质、高产、抗病性好的品种，如金农莴笋等。

2. 播种育苗 浸种6～8小时后捞起，用纱布包好放在冰箱冷藏室内低温处理2～3天，待有大部分种子露白即可播种。9月初温度高、光照强，应在覆盖遮阳网的钢架大棚里播种育苗。为播种均匀，可用细沙拌种后撒播，播后苗床覆盖遮阳网，每天要浇水1次，3天左右出苗后及时用竹拱棚拱起遮阳网，长出真叶后要及时间苗，3～4片真叶时及时移栽，秧龄20～25天。

3. 整地作畦 每亩施腐熟有机肥2 000～3 000千克、硫酸钾三元复合肥（氮∶磷∶钾＝17∶17∶17）30～40千克、硼砂1.5～2千克作基肥。深翻作畦，畦宽（连沟）1.5～1.6米，沟宽40～50厘米，畦高25厘米。

4. 定植 每畦定植4行，株距35厘米，每亩栽5 000株。

5. 栽培管理

（1）肥水管理。定植20天左右真叶长出6～8片开始追肥，每亩施硫酸钾三元复合肥15千克。当茎部开始膨大时，每亩施硫酸钾三元复合肥30～40千克，并经常保持田间湿润状态，以利于生长。

（2）生长调控。笋茎膨大期，可叶面喷洒矮壮素350毫克/升，能提高莴笋的产量和质量。

6. 常见病虫害 主要病害有霜霉病、软腐病、灰霉病、菌核病等，主要虫害为蚜虫。

7. 采收 莴笋主茎顶端与最高叶片的叶尖相平时，为收获适期。采收时用刀贴地面切下，削平基部，去掉茎基部叶片，保留5～8片顶叶，然后分级捆扎上市。

（四）第四茬 生菜

1. 品种选择 冬季气温较低，设施内生产可选择耐寒、丰产、抗病性强的品种，如意大利生菜品种。

2. 播种育苗 用45～50℃温水浸泡种子10分钟，水温降至常温后持续浸泡5～6小时，在20℃温度下催芽至70%种子发芽即可播种。采用穴盘育苗。穴深约0.5厘米，胚根朝下，表层覆土保证种子不外露即可。保持育苗基质见干见湿。幼苗4～5片真叶时，即可移栽定植。

3. 整地施肥 每亩施腐熟有机肥3 000千克、过磷酸钙20千克或硫酸钾三元复合肥（氮：磷：钾＝17：17：17）50千克作基肥。深翻作畦，畦宽（连沟）1.5～1.6米，沟宽40～50厘米。

4. 定植 由于初春季节温度较低，可在晴天中午定植，定植后浇定根水，散叶生菜株行距20厘米×15厘米，结球生菜株行距35厘米×25厘米。

5. 肥水管理 定植后保持土壤湿润。缓苗后每亩撒硫酸钾三元复合肥15千克，撒完肥后随之浇大水，使肥料溶化，防止肥料灼伤植株。

6. 常见病虫害 主要病害有霜霉病、软腐病、白粉病等，主要虫害为蚜虫。

大棚“早春南瓜-夏芹菜-秋延辣椒”高效种植模式

一、立地条件

适宜浙江、江苏、安徽、江西、湖北、湖南、四川、上海长江流域地区栽培。各地可根据当地的气候条件及市场需求调整适宜的播种期并进行相应的温光管理。

二、茬口安排与预期产量

茬口	种植方式	种植种类	播种期	定植期	采收期	预期产量（千克/亩）
第1茬	大棚多层覆盖栽培	早春南瓜	12月中下旬至翌年1月上旬	1月下旬至2月上旬	3月中下旬至5月上旬	3 500
第2茬	大棚避雨栽培	夏芹菜	4月中旬	5月下旬	6月下旬至7月上旬	1 500
第3茬	大棚秋延栽培	秋延辣椒	7月中旬	8月中旬	10月上旬至12月中旬	1 500

三、技术特点

1. 利用大棚多层覆膜保温技术提高大棚内温度，有效克服冬、春季低温障碍，为南瓜的生长发育提供必要条件，确保南瓜的正常生长和提前上市。

2. 利用大棚设施进行网膜覆盖的避雨降温栽培，有效地避免夏季高温、强光、多雨、病虫害多等不利因素对芹菜生产造成的影响，提高芹菜的品质与产量，从而在市场空缺时及时采收上市，保证其经济效益及社会效益明显提高。

3. 利用不同种类蔬菜的接茬栽培，较好地克服连作障碍，有利于减少蔬菜土传病害的发生。

四、关键技术

（一）第一茬　早春南瓜

1. 品种选择　选择短蔓型品种，如圆葫1号等。

2. 播种育苗

（1）穴盘育苗。采用“大棚＋内棚＋小拱棚”多层覆盖保温。选用50孔穴盘或72孔穴盘、商品育苗基质。

（2）种子处理。种子用50℃温水浸种15～20分钟，然后用0.1%高锰酸钾溶液浸种15～20分钟消毒，在35℃温水中浸种4小时，洗净后放在催芽箱28℃恒温条件下催芽，2天出芽。

（3）播种。每穴播种1粒，胚根朝下。播后均匀覆盖蛭石，并用平板刮平，将播种完的穴盘摆放到苗床上，浇透水。播种后贴面覆盖地膜，然后覆盖1层遮阳网。

（4）苗期管理。以保温增温为主。播种至出苗前白天25～30℃，夜间20～25℃，出苗后，及时揭除地膜。白天20～25℃，夜间15～20℃。至定植前1周白天18～25℃，夜间10～15℃，炼苗期不低于5℃。

注意勤揭覆盖物，通风降湿，尽量增加光照。基质保持见干见湿，不干不浇水，穴盘边缘苗易失水，补水宜在中午前进行。苗期用平衡型水溶肥（氮：磷：钾＝20：20：20）800～1 000 倍液浇施 1～2 次。苗龄 35～45 天。

3. 整地作畦 每亩施腐熟有机肥 2 500～3 000 千克、硫酸钾三元复合肥（氮：磷：钾＝17：17：17）30～50 千克作基肥。深翻作畦，8 米标准大棚作 4 畦，畦宽（连沟）1.5～1.6 米，沟宽 40～50 厘米。畦面铺设 2 条滴灌带，覆盖银黑双色地膜。

4. 定植 双行定植，每亩栽 800～1 000 株，栽后浇足定植水。

5. 栽培管理

（1）温度调控。定植后 1 周闭棚保温，遇低温时采取多层覆盖。缓苗后适当通风降温，坐瓜后则适当提高棚温。后期气温升高可加大通风量并逐渐拆除裙膜。

（2）肥水管理。坐果以后开始追肥，每隔 7～10 天追肥 1 次，每次每亩施用高钾水溶肥或平衡型水溶肥（氮：磷：钾＝20：20：20）5～8 千克。

（3）保花保果。圆葫 1 号在正常生产条件下一般无需保花保果，但遇植株徒长或温度过低时坐果难，可用防落素喷花保果。

6. 常见病虫害 主要病害有霜霉病、白粉病等，主要虫害有红蜘蛛等。

（二）第二茬 夏芹菜

1. 品种 津南实芹、玻璃脆芹、正大脆芹等。

2. 播种育苗 先在清水中浸 24 小时，晾干后再用湿纱布包好置于冰箱5℃下处理，每天翻洗1次，当有60%种子露白时播种。播前将苗床土浇透水，将种子掺入少量细沙或细园土，均匀撒在畦面上，播后覆盖0.5～1厘米的细土。最后在畦面上盖一层遮阳网。出苗后，及时揭除畦面上的遮阳网。出苗后半个月喷施1次精稳杀得或金禾草克。要小水勤浇，保持土壤见干见湿。1～2片真叶时间苗，苗距3厘米，以保证秧苗健壮生长。当秧苗有5～6片真叶、苗龄40天时定植。

3. 整地施肥　每亩施腐熟有机肥2 500千克、尿素20千克、过磷酸钙60千克作基肥。

4. 定植　株行距为20厘米×15厘米，每亩定植18 000～20 000丛。

5. 栽培管理

（1）温光管理。采用网膜覆盖避雨栽培。遮阳网早盖晚揭，并随气温升高，逐渐增加覆盖时间。

（2）肥水管理。定植成活后，小水勤浇，薄肥勤施，保持土壤湿润，有条件可使用悬挂式微喷灌。缓苗后畦面每亩撒施硫酸钾三元复合肥（氮：磷：钾＝17：17：17）10～15千克，苗高20厘米时，再每亩撒施硫酸钾三元复合肥10～15千克，随后浇透水。叶面可喷施氨基酸、硼肥、钙肥等。

6. 常见病虫害　主要病害有斑枯病、叶斑病、病毒病、软腐病，主要虫害有蚜虫等。

7. 采收　当株高达到40～50厘米时，即可采收上市。

（三）第三茬　秋延辣椒

1. 品种选择　特早长尖、湘研15号、湘研55等。

2. 播种育苗　采取穴盘育苗，遮阳网覆盖降温防雨。播前温汤浸种，再用10%磷酸三钠浸25分钟钝化病毒。当苗龄

30天、8～10片真叶时定植。

3. 整地作畦 每亩施腐熟有机肥2 500～3 000千克、硫酸钾三元复合肥（氮∶磷∶钾=17∶17∶17）30～50千克作基肥。深翻作畦，8米标准大棚作5畦，畦宽（连沟）1.5～1.6米，沟宽40～50厘米。畦面铺设2条滴灌带，覆盖银黑双色地膜。

4. 定植 打孔移栽，每亩栽种2 000株左右，栽后浇足定植水。

5. 栽培管理

（1）温度管理。前期气温高需覆盖遮阳网，11月中下旬后重点以保温为主。

（2）肥水管理。定植后至缓苗前要连浇数日，促进还苗。缓苗后要适当控水，促进根系下扎，同时可防止高温高湿诱发根腐病。坐果期需水量大，要小水勤浇，保持土壤湿润。10月中旬后天气逐渐寒冷，要减少浇水次数和浇水量，以降低棚内湿度。

缓苗后浇施高磷肥1次，促进根系生长、花芽分化和提高花的质量。坐果后追施平衡型水溶肥1～2次，每次每亩施3～5千克。坐果盛期每隔7～10天追肥1次，每次每亩3～5千克。

（3）搭架整枝。及时拉绳搭架，坐果后摘除分叉以下的侧枝。

6. 常见病虫害 主要病害有病毒病、炭疽病、疫病，主要虫害有白粉虱、蚜虫、蓟马、烟青虫等。

7. 采收 门椒适当提早采收，以后根据市场需要及时采收。

大棚“空心菜-夏芹菜-秋延松花菜”高效种植模式

一、立地条件

适宜城郊型蔬菜基地种植。

二、茬口安排与预期产量

茬口	种植方式	种植种类	播种期	定植期	采收期	预期产量（千克/亩）
第1茬	大棚多层覆盖栽培	空心菜	1月上中旬	2月中下旬	3月上旬至5月上旬	4 000
第2茬	大棚避雨栽培	夏芹菜	4月上旬	5月中旬	6月下旬至7月上旬	2 000
第3茬	大棚秋延栽培	秋延松花菜	7月下旬至8月上旬	8月下旬至9月上旬	12月上旬至翌年2月上旬	2 000

三、技术特点

1. 利用大棚多层覆膜保温技术提高大棚内温度，有效克服冬、春季低温障碍，为空心菜的生长发育提供必要条件，确保空心菜的正常生长和提前上市。

2. 夏、秋季利用大棚的避雨功能，为夏芹菜和秋延松花菜生长创造适宜环境，提高产量。

3. 利用不同种类蔬菜的接茬栽培，较好地克服连作障碍，有利于减少蔬菜土传病害的发生。

四、关键技术

（一）第一茬　空心菜

1. 品种选择　选择大叶型空心菜品种。

2. 播种育苗

（1）穴盘育苗。采用“大棚＋内棚＋小拱棚”多层覆盖育苗。选用50孔穴盘或72孔穴盘、商品育苗基质。

（2）种子处理。用55℃温水浸种20分钟，并不断搅拌，降至常温持续浸种24小时，清净晾干种皮后播种。

（3）播种。播前将育苗基质调节至含水量至35％～40％，装盘压穴，穴深1厘米。每穴播种5～6粒，播后均匀覆盖蛭石，并用平板刮平，将播种完的穴盘摆放到床架或苗床上，浇透水，浮面覆盖地膜、遮阳网。

（4）苗期管理。出苗前，白天苗棚内温度保持在25～30℃，夜间保持在18～20℃。出苗后，及时揭除地膜、遮阳网。苗期管理以保温为主，白天棚内温度保持在20～30℃，夜间保持在15～20℃，夜间不低于5℃。基质保持见干见湿，不干不浇水。苗期用平衡型水溶肥（氮∶磷∶钾＝20∶20∶20）800～1 000倍液浇施1～2次。苗龄25～30天，3～4叶1心即可定植。

3. 整地作畦　每亩施腐熟有机肥1 000～2 000千克、硫酸钾三元复合肥（氮∶磷∶钾＝17∶17∶17）50千克。深翻作畦，8米宽大棚作4畦，畦宽（连沟）1.5～1.6米，沟宽

40～50 厘米。畦面铺设 2 条滴灌带，覆盖银黑双色地膜。

4. 定植　株行距均为 25～30 厘米，每穴 3～5 株，每亩 5 000穴左右，栽后浇足定根水。

5. 栽培管理

（1）温度管理。前期以保温为主，采取“大棚＋内棚”覆盖栽培。白天棚温保持在 20～30℃，夜间 10～15℃。注意适时通风降湿。当夜温超过 15℃以上时，可昼夜通风。

（2）肥水管理。空心菜需水量大，要经常用滴灌补水，保持土壤湿润。土壤过干会导致空心菜纤维增多，降低品质和产量。当株高 10 厘米时，追肥 1 次，每亩施平衡型水溶肥 8～10 千克，以后每采收 1～2 次，追肥 1 次。

6. 常见病虫害　主要病害有白锈病、猝倒病、灰霉病等，主要虫害有蚜虫、小菜蛾等。

7. 采收　当空心菜长至 30 厘米高时，即可分批采摘上市。采收时，茎基部保留 1～2 个茎节，促进嫩枝萌发，提高产量。

（二）第二茬　夏芹菜

1. 品种选择　黄心芹、青芹、津南实芹、金于夏芹等。

2. 播种育苗

（1）穴盘育苗。采取大棚网膜覆盖。选用 50 孔穴盘或 72 孔穴盘、商品育苗基质。

（2）种子处理。种子用清水浸泡 12 小时，洗净后，置于冰箱冷藏室内 5℃催芽 3～5 天，然后阴干。

（3）播种。每穴播种 8～10 粒，播后均匀覆盖蛭石，浇透水，浮面覆盖 1 层黑色遮阳网。

（4）苗期管理。出苗后揭除遮阳网。基质保持见干见湿，不干不浇水。苗期用平衡型水溶肥（氮：磷：钾＝20：20：

20）800～1 000 倍液浇施 1～2 次。当 1～2 片真叶时，可用叶绿素、调环酸钙等控旺 1 次。

3. 整地施肥 每亩施腐熟有机肥 1 000～1 500 千克、硫酸钾三元复合肥（氮∶磷∶钾＝17∶17∶17）30 千克作基肥。深翻作畦，8 米标准大棚作5 畦，畦宽（连沟）130～140 厘米，沟宽 40～50 厘米。

4. 定植 行株距为 20 厘米×（20～25）厘米，每亩栽 6 000～8 000 穴，每穴 5～8 株，移栽后浇透水。

5. 栽培管理

（1）温光调控。全程遮阳网覆盖，降低光照和地温，提高品质和产量。

（2）肥水管理。定植后要小水勤浇，保持土壤湿润，促进芹菜生长，提高品质。缓苗后畦面每亩撒施硫酸钾三元复合肥 10～15 千克，当苗高 20 厘米时，每亩再撒施硫酸钾三元复合肥 15～20 千克，随后浇透水。叶面可喷施氨基酸、硼肥、钙肥等。

6. 常见病虫害 主要病害有猝倒病、软腐病、叶斑病等，主要虫害有蚜虫、红蜘蛛、斜纹夜蛾、潜叶蝇等。

7. 采收 当株高达到 40～50 厘米时，即可采收上市。

（三）第三茬 秋延松花菜

1. 品种选择 选用松花菜中熟品种，如台松 80 天或台松 100 天。

2. 播种育苗

（1）穴盘育苗。采取大棚网膜覆盖。选用 72 孔穴盘、专业商品育苗基质。

（2）播种。播前将育苗基质调节至含水量为 35%～40%，堆置 2～3 小时，使基质充分吸足水。装盘压穴，穴深 1 厘米。每穴播种 1 粒，播后均匀覆盖蛭石，浇透水，浮面覆盖 1 层黑色遮阳网。

（3）苗期管理。出苗前注意遮阳降温。出苗后，及时揭去浮面覆盖的遮阳网。晴天早晨浇水，每天浇水 1 次，阴雨天不浇。高温天气，11：00—15：00 覆盖遮阳网，阴雨天全天不盖。苗期用平衡型水溶肥（氮：磷：钾＝20：20：20）800～1 000 倍液浇施 1～2 次。子叶完全张开至 1 叶 1 心时，用多效唑 10 毫克/升控旺 1 次。注意防治猝倒病。

3. 整地作畦　每亩施腐熟有机肥 1 000～1 500 千克、硫酸钾三元复合肥（氮：磷：钾＝17：17：17）50 千克、硼砂 2 千克作基肥。深翻作畦，8 米标准大棚作 5 畦，畦宽（连沟）1.3～1.4 米，沟宽40～50 厘米。畦面铺设 2 条滴灌带，覆盖银黑双色地膜。

4. 定植　株行距（40～45）厘米×（50～60）厘米，每亩栽 1 800～2 000 株。栽后用黄腐酸钾 2 000 倍液＋生根剂浇定根水。

5. 栽培管理

（1）肥水管理。定植后要保持土壤湿润，促进成活，土壤过干时，及时滴灌补水。缓苗后追肥 1 次，每亩施尿素 5 千克，莲座期每亩施尿素 5 千克。松花菜球径达 5～6 厘米时，每亩施尿素 5 千克、高钾水溶肥 5 千克，1 周后再追施 1 次。莲座期至结球初期，结合病虫害防治，叶面用特力硼 1 000～1 500倍液喷施 2～3 次。

（2）盖花球。当花球直径长至 10～15 厘米时，折 2～3 片外叶覆盖花球，或用专用纸袋盖花球，使花球变洁白，提高品质。

6. 常见病虫害　主要病害有猝倒病、菌核病、霜霉病等，主要虫害有甜菜夜蛾、小菜蛾、斜纹夜蛾等。

7. 采收　当花球边缘稍呈散状时为采收适期。采收时保留 3～4 片内叶护花，以免装运时花球被碰伤。

大棚“辣椒-秋延南瓜”高效种植模式

一、立地条件

适宜浙西平原地区。

二、茬口安排与预期产量

茬口	种植方式	种植种类	播种期	定植期	采收期	预期产量（千克/亩）
第1茬	大棚多层覆盖栽培	辣椒	11月中下旬	翌年1月上中旬至2月上旬	4月中旬至8月上旬	2 500
第2茬	大棚避雨延后栽培	秋延南瓜	8月下旬	9月中旬	10月上旬至12月中旬	4 000

三、技术特点

1. 利用大棚多层覆膜保温技术提高大棚内温度，有效克服冬、春季低温障碍，为辣椒的生长发育提供必要条件，确保辣椒的正常生长和提前上市。

2. 利用不同种类蔬菜的接茬栽培，较好地克服连作障碍，

有利于减少蔬菜土传病害的发生。

3. 充分利用不同季节的温光资源和大棚避雨保温等功能，提高土地资源和大棚设施的利用率，从而提高设施生产效益。

四、关键技术

（一）第一茬　辣椒

1. 品种选择　选择早熟、抗病、抗逆性强、辣味较浓、产量高的品种。白辣椒可以选择衢椒5号、衢椒1号、玉龙椒等品种，青辣椒可以选择特早长尖、软皮早秀、农望更新28等品种。

2. 播种育苗

（1）穴盘育苗。采取“大棚＋内棚＋小拱棚”多层覆盖育苗。选用50孔或32孔穴盘、商品化专门配方基质。

（2）种子处理。用55℃温水浸种15分钟，并不断搅拌，降至常温后持续浸种4～6小时，捞出后用0.1%高锰酸钾溶液浸种15分钟，洗净后沥干水，晾干种皮后播种。

（3）播种。每穴播1粒，播后覆盖基质或蛭石0.5厘米厚，浇透水，贴面覆盖1层薄膜和遮阳网。

（4）苗期管理。出苗前，白天苗棚内温度保持在25～30℃，夜间保持在15～20℃。出苗后，及时揭除地膜、遮阳网。白天棚内温度保持在20～25℃，夜间保持在10～15℃，最低不低于5℃。基质保持见干见湿，不干不浇水，注意均匀浇水。苗期可用平衡型水溶肥（氮∶磷∶钾＝20∶20∶20）800～1 000倍液浇施1～2次。移栽前5～7天进行炼苗。

3. 整地作畦　每亩施腐熟有机肥1 500～2 000千克、硫酸钾三元复合肥（氮∶磷∶钾＝17∶17∶17）30～50千克作基肥。深翻作畦，8 米标准大棚作 4～5 畦，畦宽（连沟）1.3～1.4 米，沟宽 40～50 厘米。畦面铺设 2 条滴灌带，覆盖银黑双色地膜。

4. 定植 双行定植，行株距 50 厘米×40 厘米，每亩定植 2 000 株左右，定植后用黄腐酸钾 2 000 倍液浇定根水。

5. 栽培管理

（1）温光调控。前期以保温为主，采取“大棚＋小拱棚”多层覆盖保温栽培，如遇低温，小拱棚晚间应加盖保温毯。一般白天维持在 20～30℃，夜间 8～10℃，夜温不低于 5℃。注意适时通风透光降湿。7 月后气温高、光照强，要加盖遮阳网降温。

（2）肥水管理。前期尽量少浇水，以免降低地温。晴天可根据土壤墒情及时补水。缓苗后可用高磷肥＋生根剂，追施 1～2次，坐果后每隔 7～10 天追肥 1 次，每次每亩追施平衡型水溶肥（氮：磷：钾＝20：20：20）3～5 千克、黄腐酸钾 1 千克。叶面喷施磷酸二氢钾、钙肥、硼肥若干次。

（3）搭架整枝。及时拉绳搭架，坐果后摘除分叉以下的侧枝。

6. 常见病虫害 主要病害有猝倒病、根腐病、灰霉病，主要虫害有蚜虫、白粉虱、螨类、烟青虫等。

7. 采收 门椒、对椒要适当早摘。果实满足商品性要求即可采收上市。采收宜在午前进行。

（二）第二茬 秋延南瓜

1. 品种选择 选择短蔓型的南瓜品种，如圆葫 1 号。

2. 播种育苗

（1）穴盘育苗。采取大棚网膜覆盖育苗。选用 50 孔穴盘、商品化专门配方基质。

（2）种子处理。种子用55℃温汤浸种15分钟，待自然冷却至室温后，持续浸种6小时，然后用0.1%高锰酸钾溶液浸种15分钟，清洗干净后待播。选用72孔穴盘，每穴1粒，播后覆盖基质或蛭石，贴面覆盖1层遮阳网。

（3）苗期管理。出苗前，基质保持湿润。出苗后，要及时揭除穴盘表面覆盖的遮阳网。晴天中午覆盖遮阳网2～3小时，阴雨天不盖。晴热天气，每天9：00—10：00浇1次水，16：00后不浇水，阴天不浇水或尽量少浇水，防止秧苗徒长。定植前3天开始炼苗，逐步缩短遮阳网覆盖时间。1～2叶1心时移栽。

3. 整地作畦　每亩施有机肥1 000千克、45%三元复合肥（氮∶磷∶钾＝15∶15∶15）50千克作基肥。深翻作畦，8米宽大棚整4畦，畦宽（连沟）1.5～1.6米，沟宽40～50厘米。畦面铺滴灌带2条，覆盖银黑双色地膜（如温度过高，可以不盖地膜）。

4. 定植　每亩栽800株左右，栽后浇足定根水。定根水中可加黄腐酸钾、生根剂、多菌灵等，促进生根缓苗，同时兼治根部病害。

5. 栽培管理

（1）温光管理。前期以降温为主，定植前覆盖遮阳网降温，待气温适宜后揭除。10月下旬气温下降后，当夜温降至8℃以下时，夜间要闭棚保温，但白天气温仍高，要注意通风降温、降湿。白天棚温维持在20～30℃，夜间8～10℃。当夜温降至5℃以下，应加盖内棚。

（2）肥水管理。定植后，如遇干旱晴热天气，小水勤浇，促进缓苗。缓苗后要适当控制浇水，促进根系下扎。生长盛期，每 3～5 天浇 1 次水。

缓苗后追施高磷肥 1 次，坐果后每隔 7～10 天追肥 1 次，每次每亩追施平衡型水溶肥（氮∶磷∶钾＝20∶20∶20）5～8 千克、黄腐酸钾 1 千克。叶面喷施磷酸二氢钾、钙肥、硼肥若干次。

（3）摘老病叶。摘除植株下部老叶、病叶，以利于通风透光。

（4）控旺。植株旺长时，可适当多摘老叶，控制植株徒长。也可喷施调环酸钙 60 毫克/升、甲派鎓 100 毫克/升等控旺。

6. 常见病虫害 主要病害有病毒病、白粉病、灰霉病，主要虫害有蚜虫、白粉虱。

7. 采收 定植后 30～40 天即可进入采收期。一般花后 7～12天可采收嫩瓜，嫩瓜采收标准为单瓜重 400～500 克。

大棚“辣椒-秋延蒲瓜”高效种植模式

一、立地条件

适宜浙西平原地区。

二、茬口安排与预期产量

茬口	种植方式	种植种类	播种期	定植期	采收期	预期产量（千克/亩）
第1茬	大棚多层覆盖栽培	辣椒	11月中下旬	翌年1月下旬至2月上旬	4月中旬至8月上旬	2 500
第2茬	大棚避雨延后栽培	秋延蒲瓜	8月下旬	9月中旬	10月上旬至11月中下旬	3 500

三、技术特点

1. 利用大棚多层覆膜保温技术提高大棚内温度，有效克服冬、春季低温障碍，为辣椒的生长发育提供必要条件，确保辣椒的正常生长和提前上市。

2. 利用不同种类蔬菜的接茬栽培，较好地克服连作障碍，

有利于减少蔬菜土传病害的发生。

3. 充分利用不同季节的温光资源和大棚避雨保温等功能，提高土地资源和大棚设施的利用率，从而提高设施生产效益。

四、关键技术

（一）第一茬　辣椒

1. 品种选择　选择早熟、抗病、抗逆性强、产量高、辣味较浓的品种。白辣椒可以选择衢椒5号、衢椒1号、玉龙椒等品种，青辣椒可以选择特早长尖、软皮早秀、农望更新28等品种。

2. 播种育苗

（1）穴盘育苗。采取“大棚＋内棚＋小拱棚”多层覆盖。选用50孔或32孔穴盘、商品化专门配方基质育苗。

（2）种子处理。用55℃温水浸种15分钟，并不断搅拌，降至常温后持续浸种4～6小时，捞出后用0.1%高锰酸钾溶液浸种15分钟，清净后沥干水，晾干种皮后播种。

（3）播种。每穴1粒，播后覆盖基质或蛭石0.5厘米厚，浇透水，浮面覆盖1层薄膜和遮阳网。

（4）苗期管理。出苗前，白天苗棚内温度保持在25～30℃，夜间保持在15～20℃。出苗后，及时揭除地膜、遮阳网。白天棚内温度保持在20～25℃，夜间保持在10～15℃，最低不低于5℃。基质保持见干见湿，不干不浇水。苗期可用平衡型水溶肥（氮：磷：钾＝20：20：20）800～1 000倍液浇施1～2次。定植前1周进行炼苗。

3. 整地作畦　每亩施腐熟有机肥1 500～2 000千克、硫酸钾三元复合肥（氮：磷：钾＝17：17：17）30～50千克。

深翻作畦，8 米标准大棚做 5 畦，畦宽（连沟）1.3～1.4 米，沟宽 40～50 厘米。畦面铺设 2 条滴灌带，覆盖银黑双色地膜。

4. 定植　双行定植，行株距 50 厘米×40 厘米，每亩定植 2 000 株左右，定植后浇足定根水。

5. 栽培管理

（1）温光调控。前期以保温为主，采取“大棚＋小拱棚”多层覆盖保温栽培，如遇低温，晚间小拱棚应加盖保温毯。一般白天维持在 20～30℃，夜间 8～10℃，最低温度不低于 5℃。注意通风透光降湿。7 月后气温高光照强，要加盖遮阳网降温。

（2）肥水管理。前期尽量少浇水，以免降低地温。晴天可根据土壤墒情及时补水。缓苗后可用高磷肥＋生根剂，追施 1～2次，坐果后每隔 7～10 天追肥 1 次，每次每亩追施平衡型水溶肥（氮：磷：钾＝20：20：20）3～5 千克、黄腐酸钾 1 千克。叶面喷施磷酸二氢钾、钙肥、硼肥若干次。

（3）搭架整枝。及时拉绳搭架，坐果后摘除分叉以下的侧枝。

6. 常见病虫害　主要病害有猝倒病、根腐病、灰霉病，主要虫害有蚜虫、白粉虱、螨类、烟青虫等。

7. 采收　门椒、对椒要适当早摘。果实满足商品性要求即可采收上市。采收宜在午前进行。

（二）第二茬　秋延蒲瓜

1. 品种选择　选用优质高产、生长势强、抗病抗逆性广泛的品种，如浙蒲 9 号、早生 3 号等。

2. 播种育苗

（1）穴盘育苗。采取大棚网膜覆盖。选用 50 孔穴盘、商品化专门配方基质。

（2）种子处理。用55℃温水浸种15分钟，并不断搅拌，降至常温后持续浸种10～12小时，清净后沥干水，晾干种皮后在30℃恒温下催芽，待大部分种子露白后播种。

（3）播种。每穴播1粒种子，播种深度0.5～1.0厘米，播后覆盖1层基质，浇透水，浮面覆盖1层遮阳网。

（4）苗期管理。出苗前基质保持湿润，发现有少量种子出苗，及时揭除穴盘表面覆盖的遮阳网。晴天中午覆盖遮阳网2～3小时，阴雨天不盖。晴热天气，每天9：00—10：00浇1次水，16：00后不浇水，阴天不浇水或尽量少浇水，防止秧苗徒长。定植前3天开始炼苗，缩短遮阳网覆盖时间。1～2叶1心时移栽。

3. 整地作畦 每亩施腐熟有机肥1 500～2 000千克、硫酸钾三元复合肥（氮：磷：钾＝17：17：17）50千克。深翻作畦，8米大棚作4畦，畦宽（连沟）1.5～1.6米，沟宽40～50厘米。畦面铺设2条滴灌带。

4. 定植 带土带药定植，株距70～80厘米，行距75厘米，每亩栽800～900株，栽后浇足定植水。

5. 栽培管理

（1）温光管理。前期以降温为主，定植前覆盖遮阳网降温，待气温适宜后揭除。10月下旬气温下降后，当夜温降至10℃以下时，夜间要闭棚保温，但白天气温仍高，要注意通风降温、降湿。白天棚温维持在20～30℃，夜间8～10℃。

（2）肥水管理。土壤相对湿度保持在70%～80%，结果期每隔7～10天施肥1次，每次每亩施平衡型水溶肥（氮：磷：钾＝20：20：20）5～8千克。

（3）搭架。植株长至50～60厘米时开始搭架。架材可用竹竿、包塑杆或其他材料，单杆长 2.5～3.0 米，搭架时插入土 20 厘米。顶部交叉，固定并加横杆使同畦人字架连成整体。

（4）整枝。采取双蔓整枝。当植株长到 5～6 片叶时摘心，促使基部各节发生侧蔓，选留 2 条健壮的一级侧蔓向左右两侧生长，剪去基部二级侧蔓。第 7 节以上的二级侧蔓结瓜后留 1～2 片叶摘心。生长中后期，摘除基部老叶、去弱蔓、疏瓜、摘除畸形瓜。整枝宜在晴天进行。

（5）保花保果。用 0.1%氯吡脲浸瓜或喷瓜，浓度根据气温决定。花粉发育良好时，可在傍晚植株开花时或清晨闭花前进行人工辅助授粉。

6. 常见病虫害　主要病害有白粉病、炭疽病、霜霉病等，主要虫害有蚜虫、黄守瓜、瓜绢螟、斜纹夜蛾等。

7. 采收　当嫩瓜长到 10 天左右即可采收上市。头批瓜宜早采，以利于植株生长，多开花、多结果。

大棚“辣椒-松花菜-菜心”高效种植模式

一、立地条件

适宜浙西平原地区。

二、茬口安排与预期产量

茬口	种植方式	种植种类	播种期	定植期	采收期	预期产量（千克/亩）
第1茬	大棚多层覆盖栽培	辣椒	11月中下旬	翌年1月下旬至2月上旬	4月中旬至8月上旬	2 500
第2茬	大棚避雨栽培	松花菜	6月下旬	7月下旬	10月中旬至11月上旬	2 000
第3茬	大棚秋延栽培	菜心	10月上旬	11月中旬	翌年1月中下旬	1 500

三、技术特点

1. 利用大棚多层覆膜保温技术提高大棚内温度，有效克服冬、春季低温障碍，为辣椒的生长发育提供必要条件，确保辣椒的正常生长和提前上市。

2. 夏、秋季高温季节覆盖大棚膜避雨栽培可以减少病害，覆盖遮阳网可以降低地温，减少高温对松花菜伤害，确保松花菜稳产高产。

3. 利用不同种类蔬菜的接茬栽培，较好地克服连作障碍，有利于减少蔬菜土传病害的发生。

四、关键技术

（一）第一茬　辣椒

1. 品种选择　选择早熟、抗病、抗逆性强、产量高、辣味较浓的品种。白辣椒可以选择衢椒5号、衢椒1号、玉龙椒等品种，青辣椒可以选择特早长尖、软皮早秀、农望更新28等品种。

2. 播种育苗

（1）采取穴盘育苗。选用50孔或32孔穴盘、商品化专门配方基质。“大棚＋内棚＋小拱棚”多层保温育苗。

（2）种子处理。日晒1～2天，用55℃温水浸种15分钟，并不断搅拌，降至常温后持续浸种4～6小时，捞出后用0.1%高锰酸钾溶液浸种15分钟，洗净后沥干水，晾干种皮后播种。每穴1粒，播后覆盖基质或蛭石0.5厘米厚，然后覆盖1层薄膜和遮阳网。

（3）苗期管理。出苗前，白天苗棚内温度保持在25～30℃，夜间保持在18～20℃。出苗后，及时揭除地膜、遮阳网。白天棚内温度保持在20～25℃，夜间保持在10～15℃，最低不低于5℃。白天在温度许可条件下，应及早揭除小拱棚膜通风、透光、降湿。基质保持见干见湿，不干不浇水，注意均匀浇水。苗期用平衡型水溶肥（氮：磷：钾=20：20：20）800～1 000倍液浇施1～2次。移栽前5～7天进行炼苗。

3. 整地作畦 每亩施腐熟有机肥1 500～2 000千克、硫酸钾三元复合肥（氮：磷：钾=17：17：17）30～40千克。深翻作畦，8米标准大棚作4～5畦，畦宽（连沟）1.5～1.6米，沟宽40～50厘米。畦面铺设2条滴灌带，覆盖银黑双色地膜。

4. 定植 双行定植，行株距50厘米×40厘米，每亩栽2 000株左右。定植后用黄腐酸钾2 000倍液+生根剂浇定植水。

5. 栽培管理

（1）温光调控。前期以保温为主，采取“大棚+小拱棚”多层覆盖保温，如遇低温，晚间小拱棚应加盖保温毯。一般白天维持在20～30℃，夜间8～10℃，最低温度不低于5℃。注意通风透光降湿。7月后气温高、光照强，要加盖遮阳网降温。

（2）肥水管理。前期尽量少浇水，以免降低地温。晴天可根据土壤墒情及时补水。缓苗后可用高磷肥+生根剂，追施1～2次，坐果后每隔7～10天追肥1次，每次每亩追施平衡型水溶肥（氮：磷：钾=20：20：20）3～5千克、黄腐酸钾1千克。叶面喷施磷酸二氢钾、钙肥、硼肥若干次。

（3）搭架整枝。及时拉绳搭架，坐果后摘除分叉以下的侧枝。

6. 常见病虫害 主要病害有猝倒病、根腐病、灰霉病，主要虫害有蚜虫、白粉虱、螨类、烟青虫等。

7. 采收 门椒、对椒要适当早摘。果实满足商品性要求即可采收上市。采收宜在午前进行。

（二）第二茬 松花菜

1. 品种选择 选择耐高温、品质好的品种如特抗热60

天。该品种植株直立生长，耐热、抗病、青梗，花球重750～1 000克。

2. 播种育苗

（1）穴盘育苗。采取大棚网膜覆盖。选用72孔穴盘、商品基质。

（2）播种。每穴播种1粒，播后均匀覆盖蛭石，并用平板刮平，将播种完的穴盘摆放到床架或苗床上，浇透水，然后贴面覆盖1层遮阳网。

（3）苗期管理。出苗前，注意遮阳降温。出苗后，晴天早晨浇水，每天浇水1次，阴雨天不浇。高温天气，11：00—15：00覆盖遮阳网，阴雨天全天不盖。苗期可用平衡型水溶肥（氮：磷：钾＝20：20：20）800～1 000倍液追肥1～2次。子叶完全张开至1叶1心时，用多效唑10毫克/升控旺1次。注意防治猝倒病。

3. 定植　采取免耕栽培。利用旧膜开穴定植，或栽于原定植孔，不施基肥，不翻耕，省时省力，节约成本。定植前1～2天用滴灌浇透水，大棚覆盖遮阳网。株行距35厘米×40厘米，每亩栽2 000株。

4. 栽培管理

（1）肥水管理。定植后要保持土壤湿润，促进成活，土壤过干时，及时滴灌补水。成活后施1次缓苗肥，每亩施尿素5千克。莲座期后松花菜生长加快，要及时追肥，一般追肥2次，每次每亩施尿素5千克。现花球后追肥1次，每亩施尿素5千克、高钾水溶肥（氮：磷：钾＝20：10：30）5千克，1周后再追施1次。

（2）温光管理。前期气温高，光照强，需覆盖遮阳网，待气温适合后揭遮阳网。具体视天气情况决定遮阳网揭除时间。

（3）盖花球。当花球直径达到10～15厘米时，折靠近花球的2～3片外叶覆盖花球，或用专用纸袋盖花球，使花球洁白，提高品质。

5. 常见病虫害 主要病害为黑腐病，主要虫害为夜蛾类害虫。

6. 采收 当花球边缘稍带散状时为采收适期，采收时要保留3～4片内叶护花，以免装运时碰伤花球。

（三）第三茬 菜心

1. 品种选择 选用本地白菜心品种。

2. 播种育苗 采取苗床地播方式。10月上旬播种，尽量稀播。苗后可用金禾草克防除杂草。5～6叶时即可移栽。

3. 整地作畦 每亩施腐熟有机肥1 500～2 000千克、硫酸钾三元复合肥（氮∶磷∶钾＝17∶17∶17）40千克。深翻作畦，8米标准大棚作5畦，畦宽（连沟）1.3～1.4米，沟宽40～50厘米。

4. 定植 株行距20厘米×20厘米，栽后用悬挂式喷灌浇透水。

5. 栽培管理

（1）温度管理。以保温为主，提高棚温，促进菜心生长。

（2）水肥管理。前期控水，减缓生长速度，一般1周浇水1次即可。通过水分调控生长速度，争取春节前上市。整个生长期一般不需追肥。

6. 常见病虫害 病害基本没有，主要虫害为夜蛾类害虫。

7. 采收 当心叶与外叶相平时，即可采收。也可根据市场菜价情况适时采收上市。

大棚“辣椒-莴笋”高效种植模式

一、立地条件

适合浙西平原地区。

二、茬口安排与预期产量

茬口	种植方式	种植种类	播种期	定植期	采收期	预期产量（千克/亩）
第1茬	大棚多层覆盖栽培	辣椒	11月中下旬	翌年1月上中旬至2月上旬	4月中旬至8月上旬	2 500
第2茬	大棚避雨栽培	莴笋	9月中下旬	10月中旬	12月上旬至翌年1月中旬	4 000

三、技术特点

1. 利用大棚多层覆膜保温技术提高大棚内温度，有效克服冬、春季低温障碍，为辣椒的生长发育提供必要条件，确保辣椒的正常生长和提前上市。

2. 充分利用不同季节的温光资源和大棚避雨保温等功能，提高土地资源和大棚设施的利用率，从而提高设施生产效益。

3. 利用不同种类蔬菜的接茬栽培，较好地克服连作障碍，有利于减少蔬菜土传病害的发生。

四、关键技术

（一）第一茬　辣椒

1. 品种选择　选择早熟、抗病、抗逆性强、产量高、辣味较浓的品种。白辣椒可以选择衢椒 5 号、衢椒 1 号、玉龙椒等品种，青辣椒可以选择特早长尖、软皮早秀、农望更新 28 等品种。

2. 播种育苗

（1）穴盘育苗。采取“大棚＋内棚＋小拱棚”多层覆盖。选用 50 孔或 32 孔穴盘、商品化专门配方基质育苗。

（2）种子处理。用 55℃温水浸种 15 分钟，并不断搅拌，降至常温后持续浸种 4～6 小时，捞出后用 0.1％高锰酸钾溶液浸种 15 分钟，清净后沥干水，晾干种皮后播种。

（3）播种。每穴 1 粒，播后覆盖基质或蛭石 0.5 厘米，然后覆盖 1 层薄膜和遮阳网。

（4）苗期管理。出苗前，白天苗棚内温度保持在 25～30℃，夜间保持在 18～20℃。出苗后，及时揭除地膜、遮阳网。白天棚内温度保持在 20～25℃，夜间保持在 10～15℃，最低不低于 5℃。基质保持见干见湿，不干不浇水，注意均匀浇水。苗期可用平衡型水溶肥（氮：磷：钾＝20：20：20）800～1 000 倍液浇施 1～2 次。移栽前 5～7 天进行炼苗。

3. 整地作畦　每亩撒施有机肥 1 500 千克、硫酸钾三元复合肥（氮：磷：钾＝17：17：17）30～40 千克作基肥。深翻作畦，8 米大棚作 5 畦，畦宽（连沟）1.3～1.4 米，沟宽

40～50厘米，畦高25～30厘米。畦面铺设2条滴灌带，覆盖银黑双色地膜。

4. 定植 双行定植，行株距50厘米×40厘米，每亩栽2 000株左右，定植后用黄腐酸钾2 000倍液+生根剂浇定植水。

5. 栽培管理

（1）温光调控。前期以保温为主，采取“大棚+小拱棚”多层覆盖保温栽培，如遇低温，晚间小拱棚应加盖保温毯。一般白天维持在20～30℃，夜间8～10℃，最低温度不低于5℃。注意通风透光降湿。7月后气温高、光照强，要加盖遮阳网降温。

（2）肥水管理。前期尽量少浇水，以免降低地温。晴天可根据土壤墒情及时补水。缓苗后可用高磷肥+生根剂，追施1～2次，坐果后每隔7～10天追肥1次，每次每亩追施平衡型水溶肥（氮：磷：钾=20：20：20）3～5千克、黄腐酸钾1千克。叶面喷施磷酸二氢钾、钙肥、硼肥若干次。

（3）搭架整枝。及时拉绳搭架，坐果后摘除分叉以下的侧枝。

6. 常见病虫害 主要病害有猝倒病、根腐病、灰霉病，主要虫害有蚜虫、白粉虱、螨类、烟青虫等。

7. 采收 门椒、对椒要适当早摘。果实满足商品性要求即可采收上市。采收宜在午前进行。

（二）第二茬 莴笋

1. 品种选择 选择抗病、抗寒、品质好的品种，如金农莴笋、永安2号、万紫千红等红叶莴笋。

2. 播种育苗 露天小拱棚育苗。种子浸种4小时后，用0.1%高锰酸钾溶液浸种10分钟，洗净后置于冰箱冷藏室内处理 2～3 天，少量出芽后置于室内，待 30%种子发芽后播种。播前选择未种植莴笋、有机质含量高的田块，翻耕整平整细。每亩大田需苗床面积 15～20 米^2。每平方米均匀撒播 0.5 克干种子。播后搭小拱棚，覆盖遮阳网，下雨时覆盖薄膜。出苗后间苗 2～3 次，拔除过密的苗和杂草，保持苗距 3 厘米左右。尖叶草还可以用除草剂防治。遮阳网要日盖夜揭，定植前 7～10 天不再覆盖，苗龄 20～25 天即可定植。

3. 整地作畦 每亩撒施有机肥 2 000 千克、硫酸钾三元复合肥（氮：磷：钾＝17：17：17）50 千克、硼砂 1 千克作基肥。深翻作畦，8 米大棚作 4 畦，畦宽（连沟）1.5～1.6 米，沟宽 40～50 厘米。畦面铺设 2 条滴灌带，然后覆盖银黑双色地膜。

4. 定植 打孔移栽，株行距 30 厘米×28 厘米，每亩栽 4 000～4 500 株。栽后可用噁霉灵 3 000 倍液＋磷酸二氢钾 1 000 倍液浇定根水。

5. 栽培管理

（1）肥水管理。全生育期追肥 4 次。第 1 次施肥在莴笋缓苗后，施 1 次提苗肥，用滴灌每亩追施尿素 5 千克；第 2 次在小开盘期，用滴灌每亩追施硫酸钾三元复合肥 10 千克；第 3 次在莴笋大开盘期，打孔，每亩穴施硫酸钾三元复合肥（氮：磷：钾＝17：17：17）30 千克；第 4 次在莴笋茎膨大期，用滴灌每亩追施硫酸钾三元复合肥 15 千克。叶面施肥，定植成活后叶面喷施芸薹素、氨基酸促进叶片增大，膨大期结合防治病虫害叶面喷施硼肥、磷酸二氢钾促进笋茎膨大。保持土壤湿润，采收前要控制水分，以免嫩茎开裂或软腐、烂根。

（2）温湿调控。前期温度较高，注意通风降温，防止温度过高，引起先期抽薹。5℃以下大棚夜间要闭棚保温，但白天仍要注意通风降湿。后期遇－2℃以下低温时，可在莴笋植株浮面覆盖 1 层旧膜防止冻害发生。

（3）生长调控。分别在 8～10 叶、16 叶、膨大期对叶面喷施专用叶面肥，控制旺长。

6. 常见病虫害　主要病害有霜霉病、灰霉病、菌核病等，主要虫害为蚜虫。

7. 采收　莴笋外叶与心叶齐平时为采收适期。采收时用刀贴地面切下，削平基部，去掉茎基部叶片，保留 5～8 片顶叶，然后分级捆扎上市。

大棚“南瓜-辣椒”高效种植模式

一、立地条件

适宜浙西平原地区。

二、茬口安排与预期产量

茬口	种植方式	种植种类	播种期	定植期	采收期	预期产量（千克/亩）
第1茬	大棚多层覆盖栽培	南瓜	12月上中旬	翌年1月中下旬	3月中旬至5月上旬	4 000
第2茬	大棚避雨栽培	辣椒	7月上中旬	8月上中旬	10月上旬至12月中旬	1 500

三、技术特点

1. 利用大棚多层覆膜保温技术提高大棚内温度，有效克服冬、春季低温障碍，为南瓜的生长发育提供必要条件，确保南瓜的正常生长和提前上市。

2. 秋季利用大棚避雨功能，可减少辣椒病害，后期通过保温，延长辣椒上市时间，提高产量。

3. 利用不同种类蔬菜的接茬栽培，较好地克服连作障碍，有利于减少蔬菜土传病害的发生。

四、关键技术

（一）第一茬　南瓜

1. 品种　选择短蔓型南瓜品种，如圆葫1号。

2. 播种育苗

（1）穴盘育苗。采取“大棚＋内棚＋小拱棚”多层覆盖，地热线辅助增温育苗。选用50孔穴盘或72孔穴盘、商品育苗基质。

（2）种子处理。种子用50℃温水浸种15～20分钟，然后用0.1%高锰酸钾溶液浸种15～20分钟消毒，在35℃温水中浸种4小时，洗净后放在催芽箱28℃恒温条件下催芽，2天出芽。

（3）播种。每穴播种1粒，胚根朝下。播后均匀覆盖蛭石，并用平板刮平，将播种完的穴盘摆放到苗床上，浇透水，然后贴面覆盖地膜、遮阳网。

（4）苗期管理。苗期管理以保温增温为主。播种至出苗前，白天温度保持在25～30℃，夜间保持在20～25℃。出苗后，要及时揭除地膜、遮阳网。白天要注意揭盖小拱膜，白天温度保持在20～25℃，夜间保持在10～15℃。定植前1周进行炼苗，夜间温度不低于5℃。注意勤揭覆盖物，可以增加光照，揭膜通风、调温、降湿。

基质保持见干见湿，不干不浇水，穴盘边缘苗易失水，补水宜在中午前进行。苗期用平衡型水溶肥（氮：磷：钾＝20：20：20）800～1 000倍液浇施1～2次。苗龄35～45天。

3. 整地作畦 每亩施腐熟有机肥2 500～3 000千克、硫酸钾三元复合肥（氮∶磷∶钾＝17∶17∶17）30～50千克。深翻作畦，8米标准大棚作4畦，畦宽（连沟）1.5～1.6米，沟宽40～50厘米。畦面铺设2条滴灌带，覆盖银黑双色地膜。

4. 定植 每畦栽双行，株行距（60～80）厘米×50厘米，每亩栽800～1 200株。栽后浇足定植水。

5. 栽培管理

（1）温湿调控。定植后，前期以保温为主，外界温度5℃以下时，采用“大棚＋小拱棚”保温；遇0℃以下低温时，采取“大棚＋小拱棚＋保温毯”保温。3月后注意通风降湿。一般白天维持在20～30℃，夜间8～10℃，不低于5℃。

（2）水肥管理。苗期追施高磷水溶肥1次，每亩施5千克。坐果后追肥1次，每亩施平衡型水溶肥（氮∶磷∶钾＝20∶20∶20）5千克，之后每隔7～10天追肥1次，每次每亩施高钾水溶肥或平衡型水溶肥（氮∶磷∶钾＝20∶20∶20）5～8千克。

（3）保花保果。圆葫1号正常生产条件下一般无需保花保果，但遇植株出现旺长或温度过低时可喷施防落素保果。

6. 常见病虫害 主要病害有猝倒病、灰霉病、白粉病，主要虫害有蚜虫、白粉虱等。

7. 采收 一般雌花开放后7～12天、单瓜重达到350～450克时为采收适期。

（二）第二茬 辣椒

1. 品种选择 选择早熟、抗病、抗逆性强、产量高、辣味较浓的品种。白辣椒可以选择衢椒5号、衢椒1号、玉龙椒等品种，青辣椒可以选择特早长尖、软皮早秀、农望更新28

等品种。

2. 播种育苗

（1）穴盘育苗。采取大棚网膜覆盖。选用50孔穴盘或72孔穴盘、商品育苗基质。

（2）种子处理。种子用50～55℃温水浸种15分钟，待水温降至室温后继续浸种4小时。将种子捞出后沥干水，用0.1%高锰酸钾溶液浸种15分钟，洗净晾干后播种。

（3）播种。播前预湿基质，使基质含水量为30%～35%，以手捏成团、落地即散为宜，然后装盘待播。每穴播1粒种子。播后覆盖蛭石0.5～1厘米，浇透水，覆盖双层遮阳网以保湿降温。

（4）苗期管理。出苗后及时揭除穴盘表面覆盖的遮阳网。晴天中午覆盖遮阳网2～3小时，阴雨天不盖。晴热天气，每天9：00—10：00浇1次水，16：00后不浇水，阴天不浇水或尽量少浇水，防止秧苗徒长。秧苗长至5～6片叶后酌情施肥，促进秧苗生长。定植前7天开始炼苗，逐步缩短遮阳网覆盖时间。秋季辣椒苗生长快，当苗龄25天左右、长至8～9片叶时，即可定植。

3. 整地作畦　每亩施有机肥1 500千克、硫酸钾三元复合肥（氮∶磷∶钾=17∶17∶17）30千克作基肥。深翻作畦，8米大棚作5畦，畦宽（连沟）1.3～1.4米，沟宽40～50厘米，畦高25～30厘米。畦面铺设2条滴灌带，然后覆盖银黑双色地膜。

4. 定植　双行定植，行株距50厘米×（35～40）厘米，每亩栽2 000株，栽后浇足定根水。

5. 栽培管理

（1）温度管理。前期气温高需覆盖遮阳网，11月中下旬后重点以保温为主。

（2）肥水管理。定植后至缓苗前要小水勤浇，促进缓苗。缓苗后适当控水，促进根系下扎，同时可防止高温高湿诱发根腐病。坐果期需水量大，要小水勤浇，保持土壤湿润。10月中旬后天气逐渐寒冷，要减少浇水次数和浇水量，以降低棚内湿度。

定植后浇施高磷水溶肥1次，以促进根系生长，促进花芽分化和提高花的质量。坐果后追施平衡型水溶肥（氮∶磷∶钾＝20∶20∶20）1～2次，每次每亩施3～5千克。坐果盛期每隔7～10天追施平衡型水溶肥（氮∶磷∶钾＝20∶20∶20）1次，每次每亩施3～5千克。辣椒中后期追肥添加黄腐酸钾、钙镁肥2～3次。秋季后期气温低，施肥间隔期要适当延长。结合防病治虫，叶面可喷施流体硼、磷酸二氢钾、糖醇钙镁等。

（3）搭架整枝。及时拉绳搭架，坐果后摘除分叉以下的侧枝。

6. 常见病虫害　主要病害有病毒病、根腐病、脐腐病等，主要虫害有蚜虫、白粉虱、茶黄螨、烟青虫等。

7. 采收　门椒、对椒适当提早采收，以后根据市场需要及时采收。

大棚“蒲瓜-松花菜”高效种植模式

一、立地条件

适宜平原地区种植。

二、茬口安排与预期产量

茬口	种植方式	种植种类	播种期	定植期	采收期	预期产量（千克/亩）
第1茬	大棚多层覆盖栽培	蒲瓜	1月中下旬	2月中下旬	4月下旬至8月上旬	4 000
第2茬	大棚避雨栽培	松花菜	7月下旬至8月上中旬	8月下旬至9月上中旬	12月上旬至翌年1月中旬	2 000

三、技术特点

1. 利用大棚多层覆膜保温技术提高大棚内温度，有效克服早春低温障碍，为蒲瓜的生长发育提供必要条件，确保蒲瓜的正常生长和提前上市。

2. 冬季利用保温功能，延长松花菜生长时间，防止冻害，提高产量。

3. 利用不同种类蔬菜的接茬栽培，较好地克服连作障碍，有利于减少蔬菜土传病害的发生。

四、关键技术

（一）第一茬　蒲瓜

1. 品种选择　选用优质高产、生长势强、抗病抗逆性广泛的品种，如浙蒲 9 号、早生 3 号等。

2. 播种育苗

（1）穴盘育苗。采取“大棚＋小拱棚”多层覆盖育苗，地热线辅助增温育苗。选用 50 孔穴盘或 72 孔穴盘、商品育苗基质。

（2）种子处理。用 55℃温水浸种 15 分钟，不断搅拌，降至常温后持续浸种 8～10 小时，洗净后在催芽箱 30℃恒温条件下催芽，齐芽后待播。

（3）播种。每穴播 1 粒种子，播种深度 0.5～1.0 厘米，播后覆盖 1 层基质，用刮板刮去多余基质，使基质与穴盘格室相平，浇透水，播种后贴面覆盖地膜、遮阳网，搭建小拱棚保温。

（4）苗期管理。出苗前，白天小拱棚内温度保持在 25～30℃，夜间保持在 18～20℃。出苗后，及时揭除遮阳网和地膜。白天保持在 20～25℃，夜间保持在 10～15℃。定植前 1 周进行炼苗，夜间温度不低于 8℃。

出苗前不浇水，出苗后要控制浇水，忌在低温时浇水，基质宜干不宜湿。3～4 片叶时即可移栽。

3. 整地作畦　每亩施腐熟有机肥 1 500～2 000 千克、硫酸钾三元复合肥（氮∶磷∶钾＝17∶17∶17）50 千克作底肥。

深翻作畦，8米标准大棚作4畦，畦宽（连沟）1.5～1.6米，沟宽40～50厘米。畦面铺设2条滴灌带，覆盖银黑双色地膜。

4. 定植　每畦栽双行，株距70～80厘米，行距75厘米，每亩栽800～900株，定植后及时浇定根水。

5. 栽培管理

（1）温度管理。采取“大棚＋小拱棚”多层覆盖保温栽培。前期以保温为主，白天温度保持在20～30℃，夜间保持在10～15℃。遇低温时，夜间注意加盖保温毯。注意适时通风、透光、降湿。当夜温高于15℃时，可以昼夜通风。

（2）肥水管理。定植后要保持土壤湿润，促进成活，土壤过干时，及时滴灌补水。

缓苗后追施1次提苗肥，每次每亩施高磷水溶肥5千克，开花结果期每隔7～10天施肥1次，每次每亩施平衡型水溶肥（氮：磷：钾＝20：20：20）8～10千克。

（3）搭架。棚内气温稳定在10℃以上时，开始搭架上蔓。架材可用竹竿、包塑杆或其他材料，单杆长2.5～3.0米，搭架时插入土20厘米。顶部交叉、固定并加横杆使同畦人字架连成整体。

（4）整枝。采取双蔓整枝。当植株长到5～6片叶时摘心，促使基部各节发生侧蔓，选留2条健壮的一级侧蔓向左右两侧生长，剪去基部二级侧蔓。第7节以上的二级侧蔓结瓜后留1～2片叶摘心。生长中后期，摘除基部老叶，去弱蔓，适当疏瓜、摘除畸形瓜。整枝宜在晴天进行。

（5）促花坐果。早期低温植株无雄花，需用早瓜灵浸花，促使单性结实。浓度根据气温决定。现雄花后可在傍晚植株开花时或清晨闭花前进行人工辅助授粉。

6. 常见病虫害　主要病害有白粉病、炭疽病、霜霉病等，主要虫害有蚜虫、黄守瓜、瓜绢螟、斜纹夜蛾等。

7. 采收 开花后10～15天即可采收。头批瓜宜早采，以利于植株生长。

（二）第二茬 松花菜

1. 品种选择 选用中熟松花菜品种，移栽后生育期为80～90天。

2. 播种育苗

（1）穴盘育苗。采取大棚网膜覆盖。选用72孔穴盘。

（2）播种。每穴播种1粒，播后均匀覆盖蛭石，并用平板刮平，将播种完的穴盘摆放到床架或苗床上，浇透水，贴面覆盖地膜、遮阳网。

（3）苗期管理。出苗前注意覆盖遮阳网降温。出苗后，及时揭去穴盘上覆盖的黑色遮阳网。晴天早晨浇水，每天浇水1次，阴雨天不浇。高温天气，11：00—15：00覆盖遮阳网，阴雨天全天不盖。苗期用平衡型水溶肥（氮∶磷∶钾＝20∶20∶20）800～1 000倍液浇施1～2次。子叶完全张开至1叶1心时，用多效唑10毫克/升控旺1次。注意防治猝倒病。

3. 整地作畦 每亩施商品有机肥1 000千克、硫酸钾三元复合肥（氮∶磷∶钾＝17∶17∶17）50千克、硼砂2千克作基肥。深翻作畦，8米大棚作5畦，畦宽（连沟）1.5～1.6米，沟宽40～50厘米。畦面铺设双行滴灌，覆盖银黑双色地膜。

4. 定植 株行距（40～45）厘米×（50～60）厘米，每亩栽1 800～2 400株。栽后用黄腐酸钾2 000倍液＋生根剂浇定根水。

5. 栽培管理

（1）肥水管理。定植后要保持土壤湿润，促进成活，土壤过干时，及时滴灌补水。缓苗后追肥 1 次，每亩施尿素 5 千克，莲座期追施尿素 5 千克、平衡型水溶肥（氮：磷：钾＝20：20：20）5 千克。松花菜现花球后，每亩追施尿素 5 千克、高钾水溶肥 5 千克，1 周后再施 1 次。莲座期至结球初期，结合防治病虫害，叶面喷施特力硼1 000～1 500 倍液 2～3 次。

（2）盖花球。当花球直径达到 10～15 厘米时，折靠近花球的 2～3 片外叶覆盖花球，或用专用纸袋盖花球。

6. 常见病虫害　主要病害有猝倒病、菌核病、霜霉病等，主要虫害有甜菜夜蛾、小菜蛾、斜纹夜蛾等。

7. 采收　当花球边缘稍呈散状为采收适期。采收时保留 3～4片内叶护花，以免装运时花球被碰伤。

“莲藕-大蒜”水旱高效轮作模式

一、立地条件

适宜浙西平原地区。

二、茬口安排与预期产量

茬口	种植方式	种植种类	播种期	定植期	采收期	预期产量（千克/亩）
第1茬	露地水生蔬菜	莲藕	3月中下旬	—	7月中旬至8月中旬	2 000
第2茬	露地旱作栽培	大蒜	9月上中旬	—	12月上旬至翌年2月中旬	2 500

三、技术特点

1. 莲藕田连作大蒜，荷叶还田，增加土壤有机质，使土壤肥沃、疏松，以促进大蒜生长；同时，藕田土壤含水量较高，土壤较黏，有利于大蒜前期生长。

2. 莲藕与大蒜轮作，大蒜根系分泌杀菌物质可有效减少莲藕腐败病的发生；水旱轮作可减少大蒜烂根、根蛆的发生，促进大蒜生长。

四、关键技术

(一) 第一茬　莲藕

1. 品种选择　选择早熟或中熟、品质好、抗病性强、产量较高的品种，如东荷早藕、鄂莲 7 号、鄂莲 6 号等。

2. 选地整地　选择水源充足、排灌方便、有机质丰富、土质松软的地块。既能满足水生蔬菜（莲藕）的生长需要，又能满足旱地蔬菜（大蒜）的生长要求。莲藕定植前 10～15 天灌水翻耕，每亩施腐熟有机肥 2 000～2 500 千克、生石灰 75 千克、硫酸钾三元复合肥（氮：磷：钾＝17：17：17）50 千克、过磷酸钙 50 千克、硫酸锌 2 千克、硼砂 2 千克，然后耕耙平整。

3. 种藕选择和处理　选用符合品种特征、顶芽完整、色泽新鲜、无病斑和虫损伤、藕身粗壮且具 3 节或 3 节以上的整藕或子藕。每亩用种量 300～400 千克。栽植前种藕用 25%咪鲜胺乳油 500～800 倍液浸种 1 小时，或用 98%噁霉灵可湿性粉剂 2 000 倍液浸种 3～5 分钟，待药液干后栽种。

4. 定植　定植期一般为 3 月中下旬至 4 月上旬。定植行株距（1.5～2）米×1 米。每亩种植 300～400 穴，每穴排放整藕 1 枝或子藕 2 枝。栽植时四周边行藕头一律朝向田内，至田中间藕头相对时，加大行距。栽时，将藕头稍向下斜插10～15 厘米，藕头翘露泥面，与土面呈 20°左右夹角。

5. 栽培管理

（1）水肥管理。定植期至萌芽阶段水层保持在 3～5 厘米，抽生立叶至封行前 5～10 厘米，封行至结藕期 10～20 厘米，结藕期 5～10 厘米。

莲藕生育期长，需肥量大，除施足基肥外，还应适时进行追肥。一般追肥 2～3 次。第 1 次在立叶 1～2 片时，每亩施尿素 15～20 千克。第 2 次在封行前，每亩施硫酸钾三元复合肥 20～25 千克。第 3 次在终止叶出现时，每亩施硫酸钾三元复合肥 20～30 千克、硫酸钾 5～10 千克。施肥前放浅田水，让肥料吸入土中，再灌水恢复至原水位。施肥要选择晴朗无风天气，切忌在中午进行。

（2）中耕除草。种藕栽植 15 天后中耕除草 1 次。杂草多时则间隔 10 天除草 1 次，荷叶封行后停止中耕除草。除草时要浅水操作；同时，应注意在卷叶的两侧进行，勿踏伤藕鞭。并将除掉的杂草、枯萎的浮叶塞入泥中作为肥料。

（3）转藕头。当卷叶离田边 1 米时，为防止藕头穿越田埂，随时将靠近田埂的藕头向田内拨转，在生长盛期每隔 2～3 天转藕头 1 次。转藕头应在午后进行，以免折断。

6. 常见病虫害　主要病害有疫病、褐斑病、腐败病，主要虫害有蚜虫、斜纹夜蛾。

7. 采收　早熟品种 6 月下旬至 7 月中旬采收，中熟品种 7 月中旬始收，8 月中旬前结束采收。

（二）第二茬　大蒜

1. 品种选择　一般选用彭州大蒜，俗名紫皮大蒜。它适应性强、成熟早，产量高、味浓香，且耐寒、耐肥、抗病力强、用种量少。

2. 整地作畦　莲藕采收后及时放干田水，深翻晒土，每亩施腐熟有机肥 1 000 千克、硫酸钾三元复合肥（氮：磷：钾＝17：17：17）50 千克作底肥。整地作畦，畦宽（连沟）

1.3～1.4米，沟宽50厘米，沟深25厘米。

3. 播种　一般在9月上旬开始分批播种，每亩用种量120千克左右。播前将蒜头掰开，用77%硫酸铜钙可湿性粉剂按蒜瓣质量的0.2%均匀拌种。然后将蒜瓣撒在畦面，按行株距（8～10）厘米×（3～4）厘米，逐个把蒜瓣直插入土，播后撒一层细土盖没蒜瓣顶尖，然后浇足水。

4. 栽培管理

（1）肥水管理。蒜苗整个生长期一般追肥2～3次。蒜苗出齐后，每亩施尿素10千克。蒜苗长至10～15厘米高时，每亩施硫酸钾三元复合肥20千克，以后视生长情况再追肥1次。结合防病治虫，叶面追施0.3%磷酸二氢钾溶液2～3次，可以减少蒜苗发生黄尖现象。

蒜苗生长前期正是当地秋旱天气，要经常浇水，或在畦沟内灌“跑马水”，保持畦面见干见湿，确保蒜苗早出、苗齐、生长健壮。

（2）除草。覆盖稻草等防止草害，或采用化学除草。播种后，每亩用33%二甲戊乐灵乳油150毫升、40%二甲戊·乙乳油150毫升兑水50千克，均匀喷洒畦面和畦沟，防治草害。

5. 常见病虫害　主要病害为叶枯病，主要虫害有蚜虫、蓟马、根蛆。

6. 采收　当出苗50天左右、苗高30厘米以上时，即可陆续分批采收。

“单季晚稻-大蒜”稻菜轮作高效种植模式

一、立地条件

适宜平原稻区露地栽培。

二、茬口安排与预期产量

茬口	种植方式	种植种类	播种期	定植期	采收期	预期产量（千克/亩）
第1茬	露地栽培	单季晚稻	5月中下旬	6月中下旬	9月中旬至10月上旬	650
第2茬	露地栽培	大蒜	10月中旬	—	翌年1月下旬至5月上旬	4 000

三、技术特点

1. 单季晚稻收获后至翌年再种植单季晚稻，有长达8个月的空闲期，在8个月的空闲期内轮作套种大蒜，既能提高土地资源利用率和耕地产出率，也能增加农民收入。

2. 稻田实行水旱轮作，既能提高土地肥力，也能减轻病虫害的发生，有利于农业的可持续发展。

四、关键技术

（一）第一茬　单季晚稻

1. 品种　甬优15、甬优9号、中浙优8号等。

2. 培育壮秧　采用旱育秧育苗法，注意培肥苗床，稀播匀播，一般每亩大田生产用种量0.75千克。

3. 移栽　合理密植，掌握株行距5寸*×8寸，单株栽插，每亩插1.5万株。

4. 水肥管理　保持干干湿湿，湿润灌溉，当全田总茎蘖达到每亩20万株时，由轻到重分次进行烤（晒）田；科学施肥，掌握施足基肥、重施穗肥的原则，一般需每亩施纯氮15～17.5千克、磷7～8千克、钾12～13千克，基肥、蘖肥、穗肥的比例为50∶10∶40。

5. 常见病虫害　主要病害为稻曲病，主要虫害有螟虫、稻虱。

（二）第二茬　大蒜

1. 品种　选用四川红皮大蒜种。

2. 整地作畦　水稻收割后，每亩施腐熟有机肥1 500千克及硫酸钾三元复合肥（氮∶磷∶钾＝17∶17∶17）50千克作基肥；适当深翻、晒田、作高畦，畦宽（连沟）1.3～1.5米，沟宽0.4米。

3. 播种　10月中旬播种，行株距25厘米×10厘米，每

* 寸为非法定计量单位。1寸≈0.03米。

亩栽 25 000 株，每亩用种量 60～75 千克。如果作青蒜苗栽培，则种植密度可适当提高。

4. 栽培管理

（1）肥水管理。下种完毕，要迅速灌水进田，并随灌水淋洒畦面，待畦面全部湿透后，随即排清沟水，以后看天气及畦面的湿度进行淋水，以保持畦面半干半湿，切忌积水过深。

青蒜苗栽培，在蒜苗出齐后，可浇施 2%的尿素，促进蒜苗生长，采收前 20～25 天，根据土壤干湿和蒜苗生长情况，追施 2%的尿素水溶液，要适当地勤一点、淡一点，旱时追施次数多一些，湿度大可少一些，有利于青蒜苗生长。

蒜薹栽培，因生育期长而需肥多。基肥每亩施腐熟有机肥 2 000 千克、硫酸钾三元复合肥 50 千克。追肥以速效性肥料为主，适时适量追施，一般施 3～4 次。催芽肥，浇施 2%的尿素水溶液 1 000 千克。蒜苗旺盛生长之前、母瓣营养耗尽烂母时，重施 1 次腐熟有机肥 1 000～1 500 千克、尿素 8 千克、氯化钾 5 千克，以促进幼苗旺盛生长；花芽、鳞芽分化，以及花茎伸长时，追施孕薹肥，每亩施尿素 8 千克、氯化钾 8 千克，促进蒜苗生长、早抽薹及蒜薹伸长。

（2）覆盖稻草。蒜种下泥后，畦面要铺盖一层稻草，可防治草害，同时具有保水、保肥等作用。

5. 常见病虫害　主要病害有叶枯病、软腐病，虫害基本没有。

6. 采收　待蒜苗长到 5 片叶以后，可视情况间隔采收、陆续上市。

旱作“水芹-莲藕”水旱高效轮作模式

一、立地条件

适宜浙西平原地区水生蔬菜种植区域。

二、茬口安排与预期产量

茬口	种植方式	种植种类	播种期	定植期	采收期	预期产量（千克/亩）
第1茬	露地旱作栽培	水芹	8月上中旬	9月中下旬至10月中下旬	11月下旬至翌年3月	3 000
第2茬	露地水生蔬菜	莲藕	3月下旬至4月上旬	—	7月下旬至8下旬	2 500

三、技术特点

1. 莲藕田连作水芹，荷叶还田，增加土壤有机质，使土壤肥沃、疏松，以促进水芹生长；同时，藕田土壤含水量较高，土壤较黏，有利于水芹后期一次性培土操作，节省生产成本，提高种植效益。

2. 水旱轮作可以有效改善水生蔬菜莲藕田土壤中的菌群

结构，土壤中有益菌增加，有害菌减少，较好地解决莲藕田因多年连作根腐病、疫病等连作病害逐年加重的问题，有利于提高莲藕的产量和质量。

四、关键技术

（一）第一茬　水芹

1. 播种育苗　8 月中下旬，选择有机质含量丰富的藕田作苗床。藕田采收后，作成畦状，每亩水芹本田需苗床 40～50 米^2。将老熟水芹花茎剪成 10～15 厘米长的茎段在畦面上均匀撒播，每亩本苗田需母茎 25～30 千克，然后用木板压入糊状的床土中，以母茎不露出土面为宜。最后支平棚盖遮阳网降温保湿，出苗后揭去遮阳网。当苗高 8～10 厘米时，追肥 1 次，每亩施硫酸钾三元复合肥（氮∶磷∶钾＝17∶17∶17）15 千克兑水浇淋。出苗后30 天、苗高 12～15 厘米时移栽。

2. 整地施肥　选择土层深厚、有机质含量高、保水力强、排灌方便的藕田。藕收获后每亩施腐熟有机肥 2 000 千克。定植前 1 周开沟作畦，畦宽（连沟）1.5～2 米。

3. 定植　选晴天傍晚或阴天在畦面横向开定植沟，沟深 15～20 厘米。沟底每亩撒施硫酸钾三元复合肥 20～30 千克，与土拌匀后丛栽。每丛栽 3～4 株，行株（丛）距（50～60）厘米×20 厘米，每亩 15 000～16 000 株。栽后及时浇定根水。

4. 栽培管理

（1）肥水管理。追肥一共 4 次，缓苗后开始追施，一般隔 10～15 天施肥 1 次。前 3 次每次每亩施碳酸氢铵 10～15 千克，兑水浇施，最后 1 次施肥在培土前进行，每亩施硫酸钾三元复合肥 20 千克。

水芹喜水、忌旱，干旱会造成纤维增加，品质下降。因此，水芹定植后要经常灌水，保持田间湿润。

（2）培土。当植株 30～40 厘米高时，深培土 1 次。培土前先将行间的泥土用锄头捣细，然后将植株边垄土培至植株旁，使原垄变成沟底，原定植沟变成垄。培土高 20～30 厘米，以苗尖露出土面 5～10 厘米为宜。培土时要小心操作，避免弄伤植株，引起烂茎。培土 20～30 天后即可采收上市。

5. 常见病虫害　主要病害有茎腐烂病、锈病，主要虫害有蚜虫、夜蛾类等害虫。

6. 采收　培土 20～30 天后即可陆续采收，早熟栽培的 11 月中下旬开始采收，迟栽迟培土的水芹，可延收至翌年 3 月下旬。采收时先扒去覆土，再用铁锹从水芹根基部铲起，清理烂泥后装筐，洗净后扎成把出售。

（二）第二茬　莲藕

1. 品种选择　选择早中熟、品质好、抗病性强、产量较高的品种，如东荷早藕、鄂莲 6 号等。

2. 种藕及用种量　选用具有品种特征特性、无病斑、后把节较粗的整藕或较大的子藕作种藕，每枝藕有完整、健壮的顶芽。每亩用种量 250～400 千克。

3. 田块准备　藕田宜选择排灌方便、肥沃、富含有机质、土层深、壤土或黏壤土田块。栽植前 10～15 天清园灌水，施足基肥。每亩施腐熟有机肥 2 000～2 500 千克、生石灰 50～100 千克、45%硫酸钾三元复合肥 50 千克、过磷酸钙 50 千克、硫酸锌 3 千克，然后深翻、耕耙平整。播种前要进行大田消毒处理，即定植前将田水排干，用 70%甲基托布津可湿性粉剂 2 千克兑水泼浇。

4. 定植 莲藕定植期一般为3月下旬至4月上旬。每亩种植200～300穴，每穴排放整藕1枝或子藕2～3枝。栽植时四周边行藕头一律朝向田内，至田中间藕头相对时，应放大行距。栽时将藕头稍向下斜插10～15厘米，藕头翘露泥面，与土面呈20°左右夹角。

5. 栽培管理

（1）水层管理。栽藕初期，为提高地温，使其提早生根、发芽，水层保持在3～5厘米为宜。立叶出现后，莲藕茎叶生长逐渐转旺，水层要逐渐增至12～15厘米。现终止叶后，水层逐渐降至4～7厘米，以促进嫩藕成熟。

（2）追肥。莲藕生育期长，需肥量大，除施足基肥外，生长期间还应适时追肥。追肥一般分3次进行。第1次在立叶1～2片时，每亩施尿素15～20千克；第2次在5～6片立叶时，每亩施硫酸钾三元复合肥（氮∶磷∶钾＝17∶17∶17）20千克；第3次在终止叶出现时，每亩施尿素15～20千克、氯化钾10～15千克。施肥前放浅水，让肥料溶入土中，施肥2天后再灌至原来的深度。

（3）除草、摘叶、转藕头。及时摘除枯萎的浮叶，清除杂草。旺盛生长期，每隔1周将近田岸的藕头向田内调转。封行后不再下田，以免踩伤藕身、藕鞭，影响产量。

6. 常见病虫害 主要病害有腐败病、疫病等，主要虫害有蚜虫、斜纹夜蛾等。

7. 采收 7月中旬始陆续采收，尽早采收完毕，以便安排下茬。

低海拔山区“萝卜-西瓜-莴笋”一年三茬蔬菜高效种植模式

一、立地条件

适宜浙西海拔200～500米山区及气候相似地区露地种植。

二、茬口安排与预期产量

茬口	种植方式	种植种类	播种期	定植期	采收期	预期产量（千克/亩）
第1茬	露地直播	萝卜	3月上中旬	—	5月中下旬	3 200
第2茬	露地移栽	西瓜	5月上旬	6月上中旬	8月中下旬	2 800
第3茬	秋季适当提前播种	莴笋	8月下旬至9月上旬	9月中下旬	11月中下旬	2 900

三、技术特点

1. 春季种植耐抽薹的萝卜品种，5月中下旬萝卜等根茎类蔬菜较紧缺时上市，容易实现蔬菜生产高效目标。

2. 利用高温季节枯萎病发病率较低的特性，露地西瓜移栽期延迟到6月上中旬，错季栽培减轻西瓜枯萎病的发生。

3. 秋季适当提前播种莴笋，育苗期利用遮阳网覆盖，有利于提高出苗率及培育壮苗。适当提前播种，达到提早上市，实现高产、高效目标。

4. 利用不同种类蔬菜的接茬栽培，较好地克服连作障碍，有利于减少蔬菜土传病害的发生。

四、关键技术

（一）第一茬　萝卜

1. 品种选择　选用适宜春季栽培耐抽薹萝卜品种，如白雪春2号、白玉春等。

2. 整地作畦　每亩施腐熟有机肥1 500～2 000千克、过磷酸钙15～20千克、硼砂2千克作基肥。深翻作畦，畦宽（连沟）1.8米。

3. 播种　每畦种4行，隔25～30厘米开1穴，每穴点播种子2～5粒，每亩播种量约200克，播种后用细土覆盖0.5厘米。

4. 栽培管理

（1）间苗定苗。出苗后10天左右及时查苗补苗，2～3片真叶时间苗，肉质根“大破肚”时定苗，每穴留1株。

（2）肥水管理。叶片生长盛期一般地不干不浇水，地发白才浇水。根部生长盛期应充分均匀供水，促进肉质根膨大，防止空心，提高品质，增强耐储能力，收获前1周停止浇水。在多雨季节，注意及时排水。

定苗后浇施1次肥料，每亩施硫酸钾三元复合肥（氮：磷：钾＝17：17：17）1.5～2千克兑水500千克冲施。肉质根“破肚”时第2次追肥，每亩施硫酸钾三元复合肥5～7.5

千克。肉质根膨大盛期第3次追肥，每亩施硫酸钾三元复合肥10千克。

5. 常见病虫害　主要病害有软腐病等，主要虫害有蚜虫、菜青虫等。

6. 采收　萝卜充分膨大后，分批采收上市。

（二）第二茬　西瓜

1. 品种选择　选择生长势强、抗病、耐湿、耐旱又耐储运的品质，如美抗9号等。

2. 播种育苗　每亩用种量100克，采用穴盘（32孔或50孔）育苗，选用专用育苗基质。秧苗真叶长出后及时用58%甲霜灵500倍液或75%达克宁800倍液交替喷洒预防，每7～10天喷雾1次，喷洒2次。秧苗2片叶时定植，移栽前1～2天，防病治虫，带药下田。

3. 整地作畦　春萝卜收获后，结合整地每亩施猪牛等厩肥2 500千克、硫酸钾三元复合肥（氮∶磷∶钾＝17∶17∶17）40～50千克、饼肥50千克作基肥。深翻作畦，畦宽（连沟）1.8米。

4. 定植　每畦栽1行，株距0.6米，每亩栽500株。

5. 栽培管理

（1）肥水管理。移栽成活后，结合浇水及时追肥，追肥用溶解度好的高浓度硫酸钾三元复合肥（氮∶磷∶钾＝17∶17∶17），浇施浓度一般不要超过0.5%，每7天追施1次肥，施肥量10～15千克，直至西瓜长至6成大为止，西瓜坐果后结合防治虫害喷施西瓜翠康保力液或0.3%的磷酸二氢钾液，连喷2～3次。

保持土壤湿润，干旱时，每7～10天沟灌1次。

（2）留瓜。一般迟熟品种在第 2 朵雌花留瓜，早熟品种在第 3 朵雌花留瓜，叶片数以 15～20 片叶为好，低于 15 片叶的瓜应及时摘除。

6. 常见病虫害　主要病害有病毒病、蔓枯病等，主要虫害有蓟马、瓜绢螟等。

（三）第三茬　莴笋

1. 品种选择　根据目标市场消费需求，选用优质、高产、抗病性好的品种，如金农莴笋等。

2. 播种育苗　播前种子在水中浸泡 6～8 小时，后捞起用纱布包好放在冰箱冷藏室内，24 小时后取出用清水清洗后再放入冰箱 48 小时，待有大部分种子露白即可播种。9 月初温度高、光照强，应在覆盖遮阳网的钢架大棚里播种育苗。为播种均匀，可用细沙拌种后撒播，播后苗床覆盖遮阳网。每天要浇水 1 次，3 天左右出苗后及时用竹拱棚拱起遮阳网，长出真叶后要及时间苗，3～4 片真叶时及时移栽，秧龄 20～25 天。

3. 整地作畦　每亩施腐熟有机肥 2 000～3 000 千克、硫酸钾三元复合肥（氮∶磷∶钾＝17∶17∶17）30～40 千克、硼砂 1.5～2 千克作基肥。深翻作畦，畦宽（连沟）1.5～1.6 米，沟宽 40～50 厘米，畦高 25 厘米。

4. 定植　每畦定植 4 行，株距 35 厘米，每亩栽 5 000 株。

5. 栽培管理

（1）肥水管理。定植 20 天左右长出 6～8 片真叶开始追肥，每亩施硫酸钾三元复合肥（氮∶磷∶钾＝17∶17∶17）15 千克。当茎部开始膨大时，每亩施高钾三元复合肥 30～40 千克。保持田间湿润状态，以利于生长。

（2）生长调控。笋茎膨大期，叶面喷洒矮壮素 350 毫克/

千克，能提高莴笋的产量和质量。

6. 常见病虫害　主要病害有霜霉病、软腐病、灰霉病、菌核病，主要虫害有蚜虫等。

7. 采收　主茎顶端与最高叶片的叶尖相平时，为收获适期。采收时用刀贴地面切下，削平基部，去掉茎基部叶片，保留 5～8 片顶叶，然后分级捆扎上市。

丘陵山区露地“春茄子-夏水白菜-秋上海青-冬芹菜”高效种植模式

一、立地条件

适宜浙江、江西、安徽等长江中下游地区丘陵山区低海拔平原地区的城郊型蔬菜基地。

二、茬口安排与预期产量

茬口	种植方式	种植种类	播种期	定植期	采收期	预期产量（千克/亩）
第1茬	春季露地栽培	春茄子	1月中下旬	4月上旬	5月中下旬至8月上旬	2 000
第2茬	夏季露地栽培	夏水白菜	8月上旬	—	8月下旬至9月上旬	1 300
第3茬	秋季露地栽培	秋上海青	9月上中旬	—	10月中下旬至11月上旬	1 400
第4茬	冬季露地栽培	冬芹菜	9月上旬	10月中旬	12月中下旬至翌年1月中旬	2 500

三、技术特点

1. 实现周年生产，提高光能利用率，提高蔬菜的产量，改善蔬菜的品质，增加经济效益。

2. 利用不同种类蔬菜的接茬栽培，较好地克服连作障碍，有利于减少蔬菜土传病害的发生。

四、关键技术

(一) 第一茬　春茄子

1. 品种选择　引茄1号、杭茄1号。

2. 播种育苗　采用“大棚＋小拱棚”覆盖穴盘育苗，选用蔬菜专用育苗基质。当秧苗达25厘米高、茎粗0.5厘米以上、7片真叶时，选晴天定植。

3. 整地作畦　每亩施腐熟有机肥1 500千克、硫酸钾三元复合肥（氮：磷：钾＝17：17：17）50千克作基肥。深翻作畦，畦宽（连沟）1.5～1.6米，沟宽40～50厘米。

4. 定植　每畦定植2行，株距50厘米，每亩栽1 500株。单行稀植定植，每亩栽800株。移栽后要浇足定根水，带肥带药。

5. 栽培管理

（1）肥水管理。门茄开采后开始追施硫酸钾三元复合肥15千克，以后每隔7～10天追施肥1次，每次每亩施硫酸钾三元复合肥10～15千克，另外结合防病治虫根外追施0.2%磷酸二氢钾液2～3次。

（2）搭架整枝。门茄挂果后及时插支架防倒伏，去除门茄以下的全部侧枝和老叶。

6. 常见病虫害　主要病害有枯萎病、褐纹病、绵疫病、菌核病等，主要虫害有蚜虫、蓟马、红蜘蛛、茶黄螨等。

（二）第二茬　夏水白菜

1. 品种选择　火白菜或高秆白菜。

2. 播种　采用直接撒播种子的方式播种。每亩用种量约600克。

3. 肥水管理　播种前每亩施腐熟有机肥1 000千克、硫酸钾三元复合肥（氮∶磷∶钾＝17∶17∶17）10千克。追肥每亩施用尿素15千克＋氨基酸冲施肥5千克，结合浇水浇施。每天傍晚根据土壤墒情予以补水。

4. 常见病虫害　主要病害有软腐病、霜霉病等，主要虫害有蚜虫、菜青虫、小菜蛾等。

（三）第三茬　秋上海青

1. 品种选择　早熟油冬儿或上海青。

2. 播种　直接撒播种子，每亩用种量约500克。

3. 肥水管理　播种前每亩施腐熟有机肥1 000千克、硫酸钾三元复合肥（氮∶磷∶钾＝17∶17∶17）10千克作底肥。追肥每亩施用尿素15千克＋氨基酸冲施肥5千克结合浇水浇施。每天傍晚根据土壤墒情予以补水。

4. 常见病虫害　主要病害有软腐病、霜霉病等，主要虫害有蚜虫、菜青虫、小菜蛾等。

（四）第四茬　冬芹菜

1. 品种选择　黄心芹、本地土芹菜等。

2. 播种育苗　种子浸种12～24小时后，放在冷凉处（吊于水井或放于冰箱内）催芽，3～4天后有80%种子出芽后播种；苗龄约45天、3～5片真叶时定植。

3. 整地作畦　每亩施腐熟有机肥 1 000 千克、硫酸钾三元复合肥 40 千克、过磷酸钙 30 千克作基肥。深翻耙匀，整地作畦，畦宽（连沟）130 厘米，畦面净宽 80～90 厘米。

4. 定植　行株距 20 厘米×15 厘米，每穴定植 3～5 株。

5. 肥水管理　定植后要小水勤浇，保持土壤湿润。缓苗后每亩用硫酸钾三元复合肥 20 千克、尿素 10 千克兑水浇施。

6. 常见病虫害　主要病害有斑枯病、斑点病、软腐病等，主要虫害为蚜虫。

7. 采收　当株高达到 40～50 厘米时，即可采收上市。

山地蔬菜"冬春甘蓝-夏秋黄瓜"高效种植模式

一、立地条件

适宜浙江海拔300～500米山区露地种植。

二、茬口安排与预期产量

茬口	种植方式	种植种类	播种期	定植期	采收期	预期产量（千克/亩）
第1茬	冬春加工型栽培	冬春甘蓝（包心菜）	11月上旬	翌年2月上中旬	5月下旬至6月上旬	5 000
第2茬	山区露地栽培	夏秋黄瓜	6月中下旬	—	8月上旬至10月下旬	5 000

三、技术特点

1. 利用山区冬、春季发展加工甘蓝提高土地利用率，夏季山区自然生态、气候等条件种植黄瓜，有效克服夏季高温障碍，为黄瓜的生长发育提供必要条件，确保盛夏黄瓜的正常生长和夏、秋季节淡季上市。

2. 利用不同种类蔬菜的接茬栽培，较好地克服连作障碍，有利于减少蔬菜土传病害的发生。

3. 充分利用夏季山区气候资源，提高土地资源的利用率，从而提高山地蔬菜生产效益。

四、关键技术

（一）第一茬　冬春甘蓝（包心菜）

1. 品种选择　京丰1号。

2. 播种育苗　选用近年未种过十字花科蔬菜和油菜的无病虫源的稻田土作苗床，苗床每亩施腐熟农家肥2 000千克、钙镁磷肥30千克作基肥。11月上旬播种，当幼苗达到2～3片真叶时，及时间苗。

3. 定植　每亩定植1 800～2 000株，定植后要浇足定根水。

4. 栽培管理

（1）温度管理。因山区气温较低，最低可达－10℃以下，当气温低于0℃时，要用小拱棚覆盖苗床，加强夜间保温防冻。

（2）肥水管理。每亩施碳铵30千克、过磷酸钙40千克，根据生长状况及时追施苗肥，每亩施硫酸钾三元复合肥（氮∶磷∶钾＝17∶17∶17）10千克＋尿素10千克，结球肥每亩施硫酸钾三元复合肥25千克＋尿素10千克。加强田间清沟排水，防止田间积水。

6. 常见病虫害　主要病害有霜霉病、黑腐病等，主要虫害有蚜虫、菜青虫等。

（二）第二茬 夏秋黄瓜

1. 品种选择 津优4号、中农8号等。

2. 播种育苗 播前用55℃温汤浸种15分钟，然后在25～30℃恒温条件下催芽20小时即可直接播种于大田。

3. 整地作畦 每亩施腐熟有机肥1 000～2 000千克、硫酸钾三元复合肥（氮：磷：钾＝17：17：17）50千克作基肥。深翻作畦，畦宽（连沟）1.5～1.6米，沟宽40～50厘米，沟深0.3米。

4. 定植 每畦种2行，每亩定植2 000株，定植后要浇足定根水。

5. 栽培管理

（1）肥水管理。黄瓜膨大始期开始追施硫酸钾三元复合肥，每亩15千克结合浇水施入。以后每隔5～7天追施1次硫酸钾三元复合肥，但每次施肥掌握肥淡水足，达到施肥与灌溉相互结合。同时，结合治虫防病喷施叶面微肥，补充微量元素。保持土壤湿润，遇大雨水，及时清沟排渍。

（2）搭架整枝。植株抽蔓时，及时搭架，并根据植株长势随时绑蔓，摘除病老叶、畸形瓜。

6. 常见病虫害 主要病害有细菌性叶斑病、霜霉病、病毒病、细菌性角斑病、靶斑病，主要虫害有蚜虫、瓜绢螟等。

7. 采收 根瓜适当早采，以后根据需要适时采摘上市。

“单季晚稻-松花菜”高效种植模式

一、立地条件

适宜平原稻区露地栽培。

二、茬口安排与预期产量

茬口	种植方式	种植种类	播种期	定植期	采收期	预期产量（千克/亩）
第1茬	露地栽培	单季晚稻	5月中下旬	6月中下旬	9月中旬至10月上旬	650
第2茬	露地栽培	松花菜	11月中下旬	12月下旬	翌年4月上中旬至5月上旬	2 000

三、技术特点

1. 单季晚稻收获后至翌年再种植单季晚稻，有长达8个月的空闲期。其间，轮作套种松花菜能提高土地资源利用率和耕地产出率，增加农民收入。

2. 稻田实行水旱轮作，一方面能提高土地肥力，另一方面能减轻病虫害的发生，有利于农业的可持续发展。

四、关键技术

（一）第一茬 单季晚稻

1. 翻耕整地 松花菜采收结束后及时翻耕，开好横沟和围沟，筑畦，畦宽3～4米，沟宽0.3米、深0.2～0.3米。因松花菜的菜叶和根茎全部还田，单季稻一般可不施基肥。

2. 播种 种子晒1～2天，用25%咪鲜胺1 500倍液浸种36～48小时。其间，每12小时捞起晾晒2～3小时。将浸种处理后的种子放入催芽机催芽24～36小时，90%种子露白即可播种。播种前，每1 000克种子用35%丁硫克百威干拌种剂10克进行拌种。采用人工撒播或无人机播种，每亩用种量1.5～2.0千克。多余的种子可播在地头，用于在缺苗或断垄处补种，保证全田苗齐苗匀。

3. 水分管理 直播的水稻2叶1心前保持畦面不积水，3叶期后建立浅水层，分蘖期保持浅水层，促进分蘖，分蘖末期前晒田1周，控制无效分蘖，促进根系深扎。幼穗分化期至扬花期保持浅水层，田面不可缺水，以免影响幼穗正常分化。灌浆期间歇灌溉，干湿交替，保持田面湿润。收割前7天左右断水。

4. 肥料管理 松花菜和水稻的稻菜轮作模式的施肥量较早稻晚稻轮作模式减少15%左右。秧苗3叶1心时，每亩追施硫酸钾三元复合肥（氮∶磷∶钾＝22∶8∶15）15千克、尿素7.5千克、氯化钾5千克作促蘖肥。抽穗前15天（孕穗期），根据叶色和植株长势，每亩追施钾肥10千克作穗肥。抽穗灌浆期，叶面喷施0.3%～0.4%磷酸二氢钾＋1.5%尿素溶液。

5. 常见病虫害　主要病害有纹枯病、稻曲病、稻瘟病等，主要虫害有稻飞虱、稻纵卷叶螟、二化螟等。

6. 收割　稻穗90%的谷粒呈金黄色时即可收割。收割过早，不利于提高产量；收割过晚，稻穗受天气影响易发生倒伏，出现落粒、发芽等问题，从而降低产量和稻米品质。

（二）第二茬　松花菜

1. 品种选择　选用耐寒、抗病、品质好的品种，如彼岸85天青梗松花菜等。

2. 播种育苗　采用72孔穴盘育苗。基质加水预湿，使其含水量在30%左右，装盘后用刮板刮平盘面，保证每个孔穴均匀填满基质，然后用压穴器压穴。采用简易播种机播种，每穴播1粒种子，播后覆盖基质或蛭石。将穴盘摆放在苗床上，浇足水，覆盖遮阳网。出苗后及时揭除遮阳网，视基质干湿程度浇水，一般不干不浇。苗期用平衡型水溶肥（氮∶磷∶钾＝20∶20∶20）1 500倍液浇施1～2次。移栽前1周炼苗，使秧苗提前适应大田环境。苗龄40天、秧苗4～5叶1心时即可定植。

3. 整地施肥　每亩施腐熟有机肥1 500千克、硫酸钾三元复合肥（氮∶磷∶钾＝17∶17∶17）50千克、硼砂2千克。深翻作畦，畦宽（连沟）150～160厘米，沟深25～30厘米。畦面覆盖黑色或银黑双色地膜。

4. 定植　株行距为40厘米×50厘米，每畦栽2行，每亩栽2 000～2 200株，定植后浇足定根水。

5. 栽培管理

（1）肥水管理。干旱天可灌半沟水，每周灌1次。春季雨水多，要注意清沟排水，做到雨停沟内不积水。

松花菜整个生育期需追肥 4 次。缓苗后，每亩施尿素 5 千克，定植后 15 天再施尿素 5 千克。2 月气温回暖后，每亩施尿素 10 千克。植株现蕾后，每亩施硫酸钾三元复合肥 10 千克。结合防治病虫害，叶面可喷施硼肥 2～3 次。

（2）盖花球。当花球长至 10～15 厘米时，折 2～3 片外叶覆盖花球或用纸袋盖花球，使花球洁白，提高品质。

6. 常见病虫害 主要病害有猝倒病、黑腐病、菌核病等，主要虫害有蚜虫、斜纹夜蛾、甜菜夜蛾、小菜蛾、菜青虫等食叶性害虫以及蜗牛等。

7. 采收 当花球边缘稍呈散状时为采收适期，应及时分批采收。采收时保留 3～4 片内叶护花，以免装运时花球被碰伤。

露地“茄子-越冬松花菜”高效种植模式

一、立地条件

适宜浙西平原地区。

二、茬口安排与预期产量

茬口	种植方式	种植种类	播种期	定植期	采收期	预期产量（千克/亩）
第1茬	露地栽培	茄子	3月上旬	4月中旬	5月下旬至10月中旬	5 000
第2茬	露地栽培	越冬松花菜	9月上中旬	10月上中旬	翌年3月上中旬	2 000

三、技术特点

1. 利用茄子再生能力强的特点，夏茄收获后剪枝再生，能再收一季秋茄，实现茄子露地长季节栽培，产量高，效益好。

2. 利用晚熟松花菜耐寒能力强特点，大株越冬，实现早春蔬菜淡季上市，价格高，效益好。

3. 利用不同种类蔬菜的接茬栽培，较好地克服连作障碍，

有利于减少蔬菜土传病害的发生。

四、关键技术

（一）第一茬　茄子

1. 品种选择　选择综合农艺性状好、符合市场需求的品种，如紫龙5号、杭茄2010、浙茄10号等。

2. 播种育苗　种子温汤浸种15分钟，然后浸种12小时，捞出用0.1%高锰酸钾溶液浸种15分钟，洗净后播种。选用72孔穴盘，压穴后，每穴播1粒种子，用蛭石覆盖0.5～1厘米。播后浇足水。冬、春季气温低，应适当控制水分，以见干见湿为宜，不干不浇。低温时中午浇水。移栽前进行炼苗。

3. 整地作畦　每亩施商品有机肥1 000～1 500千克、高氮低磷高钾三元复合肥40～50千克、钙镁磷肥40千克。深翻作畦，畦宽（连沟）160厘米、沟深25～30厘米、沟宽30～40厘米。畦面铺设2条滴灌带，覆盖银黑双色地膜。

4. 定植　露地栽培，双行移栽，行株距50～60厘米，每亩栽1 200～1 500株。单行稀植，株距50厘米，每亩栽800株。按株距在地膜上打孔定植，定植后用土封严定植孔，并立即浇定根水。自根苗定植深度以子叶与畦面相平为宜，嫁接苗接口应高出畦面3厘米以上。定植后用0.1%～0.2%尿素液浇活棵水1次。

5. 栽培管理

（1）肥水管理。梅雨季节雨水多，要注意清沟排水。出梅后气温高，蒸发量大，宜小水勤浇，保持土壤湿度在80%左右。

采用水肥一体化系统追肥。苗期追肥1～2次，每次每亩施高磷肥4～5千克。门茄“瞪眼”期进行1次追肥，每亩施氮钾平衡型大量元素水溶肥4～5千克。旺收期每隔7～10天追肥1次，每次每亩施高钾型水溶肥或平衡型水溶肥（氮：磷：钾=20：20：20）8～10千克，直到采收结束前15天停止施肥。整个生育期采用0.3%～0.5%磷酸二氢钾液根外追肥4～5次。

（2）整枝。每株仅保留4个结果母枝（门茄、对茄下方2对强枝），抹除其他侧枝。后根据生长情况摘除果实下方的黄叶、老病叶。如采用嫁接苗时，要及时抹除萌芽。

（3）插杆搭架。在距畦边缘15～20厘米处斜插高度为100厘米以上的立杆，并用绳子相连。

（4）剪枝处理。7月下旬剪枝。选择晴天10：00前、16：00后或阴天，在对茄上方留5～10厘米短枝。剪枝后及时追肥灌水并用杀菌剂喷淋剪口，清理枝叶集中处理。5～7天后，每株选留3～4个健壮新梢，以后转入常规管理。

6. 常见病虫害　主要病害有黄萎病、青枯病、枯萎病、灰霉病、绵疫病和褐纹病等，主要虫害有蚜虫、红蜘蛛、蓟马、斜纹夜蛾等。

7. 采收　当茄眼不明显、果实达到自然商品成熟度时，及时分批采收。门茄、对茄等前期果可适当提早采收。

（二）第二茬　越冬松花菜

1. 品种选择　选用晚熟品种，如松田松花菜150天、庆松138天等。

2. 播种育苗　采取大棚避雨育苗。采取穴盘育苗。72孔穴盘每穴播种1粒，播后均匀覆盖蛭石，并用平板刮平，将播种完的穴盘摆放到床架或苗床上，浇透水。穴盘上贴面覆盖1层黑色遮阳网。出苗前注意覆盖遮阳网降温。出苗后，揭去穴盘上覆盖的遮阳网。晴天早晨浇水，每天浇水1次，阴雨天不浇。高温天气，11：00—15：00 覆盖遮阳网，阴雨天全天不盖。苗期可用平衡型水溶肥（氮：磷：钾＝20：20：20）800～1 000 倍液浇施 1 次。子叶完全张开至 1 叶 1 心时，可叶面喷施 10 毫克/升的多效唑控旺。注意防治猝倒病。

3. 整地作畦 每亩施商品有机肥 1 000 千克、硫酸钾三元复合肥（氮：磷：钾＝17：17：17）50 千克、硼砂 2 千克作基肥。深翻作畦，畦宽（连沟）160 厘米、沟深 25～30 厘米、沟宽 30～40 厘米。畦面铺设单条喷水带或双行滴灌带，覆盖黑色地膜或银黑双色地膜。

4. 定植 双行定植，株行距（40～45）厘米×（50～60）厘米，每亩栽 1 800～2 000 株。栽后浇足定根水。

5. 栽培管理

（1）肥水管理。定植后要保持土壤湿润，促进成活。当土壤过干时，及时滴灌补水。

缓苗后追肥 1 次，每亩施尿素 5 千克，莲座期每亩追施尿素 5 千克。春季气温回升后，每亩追施尿素 5 千克、硫酸钾三元复合肥 5 千克。松花菜花球直径达 5～6 厘米时，每亩追施尿素 5 千克、硫酸钾三元复合肥 5 千克，1 周后再施 1 次。莲座期至结球初期叶面用特力硼喷施 1 000～1 500 倍液 2～3 次。

（2）盖花球。当花球直径达到 10～15 厘米时，折靠近花球的 2～3 片外叶覆盖花球，或用专用纸袋盖花球，使花球洁白，提高品质。

6. 常见病虫害 主要病害有猝倒病、黑腐病、菌核病、霜霉病等，主要虫害有蚜虫、斜纹夜蛾、甜菜夜蛾、小菜蛾、菜青虫等食叶性害虫以及蜗牛等。

7. 采收 当花球边缘稍呈散状时为采收适期，应及时分批采收。采收时保留 3～4 片内叶护花，以免装运时花球被碰伤。

露地“丝瓜-越冬松花菜”高效种植模式

一、立地条件

适宜浙西平原地区。

二、茬口安排与预期产量

茬口	种植方式	种植种类	播种期	定植期	采收期	预期产量（千克/亩）
第1茬	露地栽培	丝瓜	3月上旬	4月中旬	5月下旬至7月中旬	3 000
第2茬	露地栽培	越冬松花菜	9月上中旬	10月上中旬	翌年3月上中旬至4月上中旬	2 000

三、技术特点

1. 丝瓜喜水、喜湿，较耐涝、抗病，易管理，适合春季露地栽培，产量高，效益好。

2. 利用晚熟松花菜耐寒能力强特点，大株越冬，实现早春蔬菜淡季上市，价格高，效益好。

3. 利用不同种类蔬菜的接茬栽培，较好地克服连作障碍，有利于减少蔬菜土传病害的发生。

四、关键技术

（一）第一茬　丝瓜

1. 品种选择　白关丝瓜、五叶香丝瓜等。

2. 播种育苗

（1）穴盘育苗。采取“大棚＋小拱棚”多层覆盖。选择50孔穴盘、专业商品育苗基质。

（2）种子处理。用50～55℃温汤浸种20分钟，不断搅拌，降至常温后持续浸种8～10小时，其间搓洗2～3次，捞出沥干水后，用0.1%高锰酸钾溶液浸种15分钟，洗净回干，置于28～32℃温度下催芽，种子露白后，分批挑出露白的种子待播。

（3）播种。播前将育苗基质调节至含水量为35%～40%，堆置2～3小时，使基质充分吸足水。然后将湿润好的基质填充至穴盘，填充均匀，使用平板刮去多余基质。用专用压穴器，对准每个穴孔的中心位置，均匀用力压下，使每个穴孔中央形成深1厘米的播种穴。每穴播种1粒，播后均匀覆盖蛭石，并用平板刮平，将播种完的穴盘摆放到床架或苗床上，浇透水。播种后贴面覆盖地膜、遮阳网，搭建小拱棚保温。

（4）苗期管理。出苗前，白天拱棚内温度保持在25～30℃，夜间保持在15～20℃。出苗后，及时揭除遮阳网、地膜。白天温度保持在20～25℃，夜间保持在10～15℃。定植前1周炼苗，夜间温度不低于8℃。

基质保持见干见湿，不干不浇水，穴盘边缘苗易失水，注意午前补水。苗期用 800～1 000 倍液平衡型水溶肥（氮：磷：钾=20：20：20）追肥 1～2 次。当幼苗出现徒长趋势时，可叶面喷施 10～15 毫克/升的多效唑或 60 毫克/升调环酸钙控苗。2～3 叶 1 心时，即可移栽。

3. 整地作畦　每亩施腐熟有机肥 1 000 千克、硫酸钾三元复合肥（氮：磷：钾=17：17：17）50 千克作基肥。深翻作畦，畦宽（连沟）160 厘米、沟深 25～30 厘米、沟宽 30～40 厘米。畦面铺设 2 条滴灌带，覆盖黑色地膜或银黑双色膜。

4. 定植　每畦种植 2 行，株距 50～60 厘米，每亩栽 1 300～1 500 株，定植后浇足定根水。

5. 栽培管理

（1）肥水管理。前期注意清沟排水，高温干旱时或结果盛期畦沟要保持浅水层。追肥采用水肥一体化系统。苗期追肥 1 次，每亩施高磷水溶肥 5 千克。坐果后隔 7～10 天交替用平衡型水溶肥（氮：磷：钾=20：20：20）或高钾水溶肥追肥，每次每亩 8～10 千克。

（2）搭架引蔓。丝瓜倒蔓前，搭人字架。架材可用竹竿、包塑杆或其他材料，单杆长 2.5～3.0 米，搭架时插入土 20 厘米。顶部交叉，固定并加横杆使同畦人字架连成整体。主蔓 13～14 片叶时，引蔓上架，间隔 2～3 天绑蔓理蔓 1 次，松紧要适度。

（3）整枝。摘除主蔓 13～14 片叶以下全部雌花、侧枝，仅保留主蔓结瓜。主蔓结 2～3 个瓜后，摘心，留顶部侧枝继续生长，所留侧枝结 2～3 个瓜后摘心，顶部留侧芽继续生长，如此反复更新换头 2～3 次后，不再整枝。要及时摘除老病叶、畸形瓜、病瓜。

丝瓜植株爬满人字架后，如枝叶过密，疏除 2/3 的植株，并及时清理残体，以利于通风透光。

（4）促花保果。当植株长至5～6片真叶时，用乙烯利100～150毫克/升，叶面喷施1～2次，增加雌花数；早期无雄花时，可用吡效隆6～10毫克/升水溶液蘸或喷瓜胎（幼果）。

6. 常见病虫害 主要病害有猝倒病、立枯病、蔓枯病、白粉病等，主要虫害有蚜虫、白粉虱、瓜实蝇、瓜绢螟、潜叶蝇等。

7. 采收 一般开花后10～14天，果实充分长大后及时采收。采摘宜在早晨露水干后进行，用剪刀从果柄处剪下，分级整理包装后上市销售。

（二）第二茬 越冬松花菜

1. 品种选择 选用晚熟品种，如松田松花菜150天、庆松138天等。

2. 播种育苗

（1）穴盘育苗。采取大棚网膜覆盖。选用72孔穴盘、商品基质。

（2）播种。每穴播种1粒，播后均匀覆盖蛭石，并用平板刮平，将播种完的穴盘摆放到床架或苗床上，浇透水。播种后用贴面覆盖1层黑色遮阳网。

（3）苗期管理。出苗前注意遮阳降温。出苗后，晴天早晨浇水，每天浇水1次，阴雨天不浇。高温天气，11：00—15：00覆盖遮阳网，阴雨天全天不盖。苗期用平衡型水溶肥（氮：磷：钾＝20：20：20）800～1 000倍液浇施1～2次。子叶完全张开至1叶1心时，用多效唑10毫克/升控旺1次。苗期注意防治猝倒病。

3. 整地作畦　每亩施商品有机肥 1 500 千克、硫酸钾三元复合肥（氮：磷：钾＝17：17：17）50 千克、硼砂 2 千克作基肥。深翻作畦，畦宽（连沟）160 厘米、沟深 25～30 厘米、沟宽 30～40 厘米。畦面铺设2 条滴灌带，覆盖银黑双色地膜。

4. 定植　株行距（40～45）厘米×（50～60）厘米，每亩栽 1 800～2 000 株。打孔移栽，栽后浇足定根水。

5. 栽培管理

（1）肥水管理。定植后要保持土壤湿润，促进成活，土壤过干时，及时用滴灌补水。

缓苗后追肥 1 次，每亩施尿素 5 千克，莲座期每亩追施尿素 5 千克。春季气温回升后，每亩追施尿素 5 千克、硫酸钾三元复合肥 5 千克。松花菜现花球后，每亩施尿素 5 千克、硫酸钾三元复合肥 5 千克，1 周后再追施 1 次。莲座期至结球初期叶面用特力硼喷施 1 000～1 500 倍液 2～3 次。

（2）盖花球。当花球直径达到 10～15 厘米时，折靠近花球的 2～3 片外叶覆盖花球，或用专用纸袋盖花球，使花球洁白，提高品质。

6. 常见病虫害　主要病害有猝倒病、黑腐病、菌核病、霜霉病等，主要虫害有蚜虫、斜纹夜蛾、甜菜夜蛾、小菜蛾、菜青虫等食叶性害虫以及蜗牛等。

7. 采收　当花球边缘稍呈散状时为采收适期，应及时分批采收。采收时保留 3～4 片内叶护花，以免装运时花球被碰伤。

蔬菜农事日程管理

1月蔬菜种植茬口安排及生产农事提示

一、1月蔬菜种植茬口安排

见表1。

二、1月蔬菜生产农事提示

1月的节气是小寒和大寒，是衢州市一年中最冷的月份，多数地方经常出现冰冻、低温和多阴雨的天气，不利于蔬菜作物生长发育。因此，1月蔬菜生产农事应该以保温、防寒、防冻为重点。为认真做好春、夏季蔬菜育苗与在田大棚蔬菜培育管理工作，1月蔬菜生产农事提示如下。

（一）培育壮苗

1. 播种适期 1月是春、夏季大棚黄瓜、粉质小南瓜、西葫芦、西瓜、甜瓜等品种的播种适期，必须抓紧时间，及时播种育苗。为了确保蔬菜种子出苗快、苗齐与苗壮，必须采用“大棚＋小棚”多层覆盖保温和电加热线温床育苗。

2. 做好苗床温湿度管理 8：00—9：00，要揭掉塑料小拱棚上的覆盖物，让秧苗见光和通风，降低苗床内湿度。16：00前盖好小拱棚上全部覆盖物。苗床内浇水要严格控制，

表 1　1 月蔬菜种植茬口安排

种类	推荐品种（仅供参考）	种植方式	亩用种量（克）	苗龄（天）	播种期	收获期
辣椒	衢椒 1 号、玉龙椒、农望长尖、辛丰 4 号、苏润绿早剑	设施，育苗	30～50	50～60	上旬、中旬	4 月上旬至 10 月下旬
番茄	浙杂 503、浙粉 712、钱塘旭日、石头番茄	设施，育苗	20～30	50～60	上旬、中旬	5 月中旬至 8 月上旬
瓠瓜	越蒲 1 号、浙蒲 9 号	设施，育苗	200	30～50	上旬、中旬、下旬	5 月上旬至 7 月中旬
黄瓜	博新 5 - 1、博美 409、致绿 0159、津优 12、本地白黄瓜	设施，育苗	100～150	30～60	中旬、下旬	3 月下旬至 6 月中旬
苦瓜	碧绿青皮苦瓜，乐土白皮苦瓜	设施，育苗	150～250	30～50	中旬、下旬	5 月上旬至 10 月上旬
西葫芦	圆葫 1 号、早青	设施，育苗	150	30～50	上旬、中旬、下旬	4 月中旬至 7 月上旬
南瓜	锦栗、蜜本南瓜	设施，育苗	75～100	25～40	中旬、下旬	5 月上旬至 10 月上旬
西瓜	早佳 8424、拿比特	设施，育苗	50	25～35	中旬、下旬	5 月中旬至 11 月上旬
青菜	五月慢、四月慢、油冬儿	平地或设施，育苗或撒播	150～100	40～50	上旬、中旬、下旬	3 月中旬至 5 月上旬

（续）

种类	推荐品种（仅供参考）	种植方式	亩用种量（克）	苗龄（天）	播种期	收获期
萝卜	白雪春 2 号、浙萝 6 号、雪月萝卜	设施，条（或点）播	200～500	—	中旬、下旬	4 月上旬至 5 月上旬
芫荽（香菜）	四季香菜	平地或设施，撒播	5 000	—	上旬、中旬、下旬	3 月上旬至 4 月上旬
落葵（木耳菜）	大叶木耳菜	设施，撒播	6 000～10 000	—	上旬、中旬、下旬	4 月中旬至 9 月上旬
菠菜	全能菠菜、优越菠菜、绿优秀 6 号	平地或设施，撒播	5 000～7 500	—	上旬、中旬、下旬	4 月
蕹菜	大叶空心菜	设施，育苗	2 000	30～40	上旬、中旬、下旬	4—11 月
苋菜	一点红、青苋菜	设施，条（撒）播	1 500	—	中旬、下旬	3 月下旬至 4 月中旬
马铃薯	东农 303、中薯 3 号	平地或设施，穴播	150 000	—	中旬、下旬	5 月中旬至 6 月中旬
鲜食大豆	特早 95 - 1、引豆 9701、台 75	设施，育苗或直播	3 000～5 000	15～25	下旬	4 月下旬至 5 月中旬
鲜食玉米	金糯 628、浙糯玉 4 号、农科糯 336、美玉 7 号	设施，育苗	500～700	25～35	下旬	5 月中旬至 5 月下旬

当穴盘或营养钵表土见白时，在中午时浇温水。

3. 病害防治　蔬菜苗期主要病害有猝倒病、灰霉病等。猝倒病发病初期用药剂灌根处理，并拔除病株集中处理。可选用药剂有甲霜灵、霜霉威、腐霉利＋百菌清、吡唑醚菌酯＋代森锰锌、代森锰锌、甲基硫菌灵等，一般每7～10天喷1次，视病情连续喷洒2～3次。灰霉病于发病初期及时用药，选用药剂有啶酰菌胺、嘧霉胺、乙蒜素、腐霉利、异菌脲、咯菌腈等。

（二）大棚蔬菜培育管理

1月大棚蔬菜主要是在上一年的12月或1月定植的早熟栽培的春、夏季蔬菜。根据不同蔬菜品种生物学特性和生长发育阶段对环境条件的要求，做好大棚温湿度管理，特别要注意保温工作，防止寒害与冻害，做好保花保果，及时追施肥水，防治病虫害等。

（三）棚栽春萝卜要适期播种

塑料大棚或中棚栽培春萝卜，在1月中下旬播种，3—4月初始采收。春萝卜要选用品优、产量高、早春不抽薹的品种，如韩国引进的白玉春和浙江省农业科学院选育的白雪春2号、浙萝6号等。棚栽春萝卜需进行地膜覆盖栽培，一种方法是在播种后，整平畦面，铺地膜，待苗出土时，对准秧苗，用刀片划“十”字破地膜出苗；另一种方法是整地作畦，整平畦面，铺地膜，在地膜上打穴播种。

（四）种好马铃薯

马铃薯的播种期为1月中旬至2月上旬。马铃薯优质高产栽培要注意以下几点。

1. 选择好优良品种　主要有东农303、中薯3号等。

2. 做好种薯催芽　将种薯放在15～18℃、湿度为60%～70%条件下催芽。当芽长到1～2厘米时，进行种薯切块，每块种薯留1～2个壮芽，切面涂上熟草木灰，晾干播种。

3. 采用地膜覆盖栽培　马铃薯播种后覆盖白色地膜，苗出土时，及时破膜，使其出苗。

（五）加强露地蔬菜培育管理

1月露地蔬菜种类较多，如青菜、芹菜、莴笋、花菜、黄芽菜、茎瘤芥、甘蓝、萝卜、胡萝卜、青大蒜、豌豆、雪里蕻等。对已可采收的蔬菜要及时采收；松花菜的花球，要看天气变化，做好防冻；加强培育管理，要进行浅中耕除草、施追肥、做好清沟排水等。

2 月蔬菜种植茬口
安排及生产农事提示

一、2 月蔬菜种植茬口安排

见表 2。

二、2 月蔬菜生产农事提示

2 月的节气是立春和雨水，是由冬季向春季过渡的月份，温度有所回升，雨水有所增加，冷暖变化大是本月的一大特点。2 月衢州市蔬菜农事安排重点是抓紧抓好春耕生产的各项准备工作，继续做好瓜类蔬菜苗期管理，大棚早熟栽培茄果类蔬菜和西甜瓜要抓住“冷尾暖头”及时定植；同时，进行鲜食大豆等豆类蔬菜育苗，抓紧在园蔬菜早春管理，保温防寒防冻，棚内通风透光降湿，茄果类蔬菜保花保果等。2 月蔬菜生产主要农事提示如下。

（一）继续抓好瓜类蔬菜苗期管理

1. 做好苗床温湿度管理 8：00—9：00（具体视棚温）揭掉塑料小拱棚上的覆盖物，让秧苗见光和通风，降低苗床内湿度，16：00 前盖好小拱棚上全部覆盖物。苗床内浇水要严格控制，当苗床表土见白时，在中午时浇温水。注意蔬菜苗期

表2 2月蔬菜种植茬口安排

种类	推荐品种（仅供参考）	种植方式	亩用种量（克）	苗龄（天）	播种期	收获期
辣椒	衢椒1号、玉龙椒、农望长尖、辛丰4号、苏润绿早剑	平地或设施，育苗	30～50	50～60	上旬、中旬、下旬	4月中旬至10月下旬
番茄	浙杂503、浙粉712、钱塘旭日、浙樱粉1号、石头番茄	平地或设施，育苗	30～40	40～60	上旬、中旬、下旬	5月中旬至9月上旬
茄子	引茄1号、浙茄3号、杭茄2010、丰田5号	设施，育苗	50	50～60	上旬、中旬、下旬	5月中旬至8月上旬
黄瓜	博新5-1、博美409、致绿0159、津优12、本地白黄瓜	平地或设施，育苗	100～150	30～50	上旬、中旬、下旬	3月下旬至6月中旬
丝瓜	衢丝1号、五叶香、江蔬1号	设施，育苗	100～300	30～60	上旬、中旬、下旬	4月中旬至9月下旬
瓠瓜	越蒲1号、浙蒲9号	平地或设施，育苗	200	30～50	上旬、中旬、下旬	4月下旬至9月上旬
苦瓜	碧绿青皮苦瓜，乐土白皮苦瓜	平地或设施，育苗	150～250	30～50	上旬、中旬、下旬	4月下旬至9月下旬
西葫芦	圆葫1号、早青	平地或设施，育苗	150	25～40	上旬、中旬、下旬	4月中旬至7月上旬

（续）

种类	推荐品种（仅供参考）	种植方式	亩用种量（克）	苗龄（天）	播种期	收获期
南瓜	锦栗、蜜本南瓜	平地或设施，育苗	75～100	25～50	上旬、中旬、下旬	5月中旬至10月上旬
冬瓜	白皮冬瓜、青皮冬瓜	平地或设施，育苗	150～20	30～45	上旬、中旬、下旬	6月上旬至10月上旬
西瓜、甜瓜	早佳8424、拿比特、浙甜系列、甬甜系列	设施，育苗	50	25～40	上旬、中旬、下旬	5月下旬至10月上旬
青菜	五月慢、四月慢、油冬儿	平地或设施，育苗或撒播	150～1 000	—	上旬、中旬、下旬	4月上旬至5月中旬
萝卜	白雪春2号、浙萝6号、雪月萝卜	设施，条（点）播	200～500	—	上旬、中旬、下旬	4月下旬至5月上旬
芫荽（香菜）	四季香菜	平地或设施，撒播	5 000	—	上旬、中旬、下旬	3月下旬至5月上旬
落葵（木耳菜）	大叶木耳菜	设施，撒播	6 000～10 000	—	上旬、中旬、下旬	4月中旬至9月中旬
菠菜	全能菠菜、优越菠菜、绿优秀6号	平地或设施，撒播	5 000～7 500	—	上旬、中旬、下旬	4月上旬至5月上旬
蕹菜	大叶空心菜	平地或设施，育苗	2 000	25～40	上旬、中旬、下旬	4—11月

（续）

种类	推荐品种（仅供参考）	种植方式	亩用种量（克）	苗龄（天）	播种期	收获期
苋菜	一点红、青苋菜	设施，条（撒）播	1 500	—	上旬、中旬、下旬	4月上旬至5月上旬
生菜	美国大速生、意大利生菜	平地，育苗	25	25～30	中旬、下旬	4月中旬至5月中旬
油麦菜	翠香、四季	平地，育苗	15～50	25	中旬、下旬	4月中旬至5月上旬
茼蒿	春茼蒿	平地，撒播	1 500	—	中旬、下旬	4月上旬至5月上旬
芹菜	津南实芹、本地土芹菜	500米以上山地，育苗	1 000	50～60	下旬	6月上旬至6月下旬
苦荬菜	广东甜麦菜	平地或设施，育苗	50	30	中旬、下旬	5月上旬至6月中旬
分葱	四季小葱	平地，直播	250	—	上旬、中旬、下旬	4月中旬至5月上旬
荠菜	江西荠菜	平地，撒播	500～750	—	中旬、下旬	4月中旬至5月上旬
马铃薯	东农303、中薯3号	平地或设施，穴播	150 000	—	上旬	6月上旬至6月中旬
鲜食大豆	特早95-1、引豆9701、台75	设施，育苗或直播	3 000～5 000	25～35	上旬、中旬、下旬	5月上旬至6月上旬
鲜食玉米	浙糯玉4号、金糯628、鲜甜糯366	设施，育苗	500～700	25～35	下旬	6月中旬至6月下旬

病害防治工作，秧苗分苗时，用50%多菌灵可湿性粉剂100克拌培养土（或育苗基质）；出苗后，可用60%杀毒矾可湿性粉剂500倍液或72%杜邦克露可湿性粉剂600倍液喷雾防治。

2. 适时定植 茄果类、瓜类等早熟栽培大棚蔬菜要抓住“冷尾暖头”晴好天气，当中午温度较高时及时定植。定植后闭棚3～5天，以促进新根发生提早缓苗，视天气变化做好大棚温湿度管理。定植前1周要进行炼苗。露地或小拱棚栽培的茄果类、瓜类、豆类等蔬菜品种，也要抢晴适时播种育苗、移栽或直播。

（二）播种春季叶菜、根茎类蔬菜

1. 种植方式 白菜、菠菜、茼蒿、芹菜、大葱、马铃薯等采用地膜覆盖或露地直（条）播；苋菜、落葵、鲜食大豆等，采用中小棚覆盖直播；喜温的各类蔬菜采用设施、穴盘育苗。

2. 种植春萝卜品种 2月上中旬播种，选择生长期短、耐寒性强、抽薹迟、不易空心的品种，如白雪春2号、浙萝6号等。

（三）抓好低温季节蔬菜田间管理

1. 保温防寒防冻 2月仍会有强冷空气来袭，引起强降温，另外春暖以后，大棚茄果类蔬菜旺盛生长，植株抗寒能力显著下降，极易造成作物冻害和冷害。因此，需要加强大棚保温增温工作，倒春寒来临前及时扣紧大棚膜密封大棚，大棚内加搭中棚，再加盖小拱棚，夜间在小拱棚外加盖遮阳网、无纺布等材料保温。必要时在大棚内挂白炽灯等临时加热设备增温。通过肥水控制、温度调控、叶面喷施磷酸二氢钾等措施增强茄果类蔬菜对低温的抵抗能力。

2. 通风透光降湿　2月气温回升后，棚内湿度会明显增大，既不利于大棚增温、影响茄果类蔬菜生长发育，又明显增加病害的发生。因此，必须十分重视大棚通风透光，降低棚内湿度；同时，及时排出棚内有害气体，如氨气、二氧化硫等。要根据天气变化和植株生长情况，及时开关棚门、揭盖棚膜通风换气。选择晴好天气中午进行通风，通风时要防止冷风直接吹入棚内，造成骤然降温，影响棚内蔬菜正常生长。控制大棚内浇水，四周必须开挖排水沟，而且排水沟沟面一定要低于棚内畦沟，有效降低地下水位，使棚内地面水分能顺利往外排，避免棚内畦沟积水，降低棚内湿度，并可防止因畦沟积水泥泞，方便田间农事操作。

3. 保花保果　低温不利于茄果类、瓜类蔬菜开花结果，易引起畸形果增加和落花落果。因此，应采用植物生长调节剂蘸花或喷涂处理或人工辅助授粉和在棚内放置雄蜂，提高坐果率、降低畸形果比例。大棚茄果类蔬菜常用防落素喷花，瓜类蔬菜用吡效隆等喷在或涂在子房上。要严格按照说明书使用，防止浓度过高而产生药害。

4. 防治病害　特别是因棚内湿度过高引起的灰霉病等，平常要注意做到以防为主，注意通风。

5. 春马铃薯管理　马铃薯出苗后，叶片数达6～8片叶，选择无霜、气温比较稳定天气，将地膜破口，引出幼苗，并用细土将苗孔四周的膜压紧、压实，若破膜过晚，则容易烧苗。破膜引苗后，可用细土盖住幼苗的50%，有明显的防冻作用。遇到剧烈降温，苗上覆盖稻草保护，温度正常后再揭开。

6. 及时采收应季蔬菜　2月采收的蔬菜有红菜薹、莴苣、白菜薹、小白菜、花菜、甘蓝、萝卜、大蒜、芹菜、莲藕、茼蒿等。

3 月蔬菜种植茬口安排及生产农事提示

一、3 月蔬菜种植茬口安排

见表 3。

二、3 月蔬菜生产农事提示

3 月的节气是惊蛰和春分。气温逐渐回升转暖，但天气晴雨变化大，北方冷空气频繁侵袭，低温阴雨天较多，喜温蔬菜栽培管理，要视天气变化，做好保温防寒管理。3 月是春季蔬菜生产最繁忙的月份，主要蔬菜农事提示如下。

（一）春季大棚蔬菜培育管理

春季大棚蔬菜是指采收期主要在 3 月至 7 月上旬的蔬菜。春季大棚栽培蔬菜种类甚多，大部分种类已在 1 月下旬至 3 月上旬定植于大棚中。因播种期不同，各种蔬菜种类进入生育期也不同，但大部分蔬菜种类在 3 月进入营养生长期，有的蔬菜如番茄或辣（甜）椒，同时进行营养生长与开花结果。菜农要根据种植蔬菜特性和生育状况及气温变化状况，做好以下培育管理工作。

1. 及时整枝、搭架与引蔓上架　根据不同蔬菜生长特性

表3　3月蔬菜种植茬口安排

种类	推荐品种（仅供参考）	种植方式	亩用种量（克）	苗龄（天）	播种期	收获期
辣椒	衢椒1号、玉龙椒、农望长尖、辛丰4号、苏润绿早剑	平地或设施，育苗	30～50	40～50	上旬、中旬	5月上旬至10月下旬
番茄	浙杂503、浙粉712、钱塘旭日、浙樱粉1号、石头番茄	平地或设施，育苗	30～40	40～50	上旬、中旬、下旬	5月下旬至8月上旬
茄子	引茄1号、浙茄3号、杭茄2010、丰田5号	平地或设施，育苗	50	40～50	上旬、中旬、下旬	5月下旬至7月下旬
黄瓜	博新5－1、博美409、致绿0159、津优12、本地白黄瓜	平地、设施或山地，育苗	100～150	25～50	上旬、中旬、下旬	4月下旬至6月下旬
丝瓜	衢丝1号、五叶香、江蔬1号	平地、设施或山地，育苗	100～300	20～40	上旬、中旬、下旬	5月中旬至9月下旬
南瓜	蜜本南瓜	平地、设施或山地，育苗	75～100	25～50	上旬、中旬、下旬	5月中旬至10月上旬
冬瓜	白皮冬瓜、青皮冬瓜	平地或设施，育苗	150～20	20～35	上旬、中旬	6月上旬至10月上旬
苦瓜	碧绿青皮苦瓜、乐土白皮苦瓜	平地或设施，育苗	150～250	20～40	上旬、中旬、下旬	6月上旬至9月下旬
瓠瓜	越蒲1号、浙蒲9号	平地或设施，育苗	200	20～40	上旬、中旬、下旬	5月中旬至10月上旬
西葫芦	圆葫1号、早青	平地或设施，育苗	150	20～30	上旬、中旬、下旬	5月上旬至7月上旬

（续）

种类	推荐品种（仅供参考）	种植方式	亩用种量（克）	苗龄（天）	播种期	收获期
西瓜、甜瓜	早佳 8424、浙甜系列、甬甜系列	平地或设施，育苗	50	20～40	上旬、中旬、下旬	5 月中旬至 8 中旬
青菜	早熟 5 号、四月慢、美冠青梗菜、油冬儿	平地或设施，育苗或撒播	250～1 000	—	上旬、中旬、下旬	4 月下旬至 5 月下旬
甘蓝	夏光、京丰 1 号	平地，育苗	30	30	中旬、下旬	7 月下旬
萝卜	白雪春 2 号、浙萝 6 号、雪月萝卜	平地，条（点）播	200～500	—	上旬、中旬	4 月下旬至 5 月中旬
芫荽（香菜）	四季香菜	平地或设施，撒播	5 000	—	上旬、中旬、下旬	4 月中旬至 5 月中旬
落葵（木耳菜）	大叶木耳菜	设施，撒播	6 000～10 000	—	上旬、中旬、下旬	4 月下旬至 9 月中旬
菠菜	全能菠菜、优越菠菜、绿优秀 6 号	平地或设施，撒播	5 000～7 500	—	上旬、中旬、下旬	4 月中旬至 5 月下旬
蕹菜	大叶空心菜	平地或设施，育苗	2 000	25～40	上旬、中旬、下旬	5 月上旬至 10 月中旬
苋菜	一点红、青苋菜	设施，条（撒）播	1 500	—	上旬、中旬、下旬	5 月上旬至 5 月下旬

（续）

种类	推荐品种（仅供参考）	种植方式	亩用种量（克）	苗龄（天）	播种期	收获期
生菜	美国大速生、意大利生菜	平地，育苗	25	25～30	上旬、中旬、下旬	5月上旬至6月中旬
茼蒿	细叶茼蒿、大叶茼蒿	平地，撒播	1 500	—	上旬、中旬、下旬	4月下旬至5月下旬
苦荬菜	广东甜麦菜	平地或设施，育苗	50	30	上旬、中旬、下旬	5月中旬至6月下旬
豇豆	之豇108、之豇616、海陆通豇豆、扬豇40	平地或设施，育苗	1 500～2 000	20～25	上旬、中旬、下旬	5月下旬至7月下旬
四季豆	红花白荚	平地或设施，育苗	2 000～5 000	20～25	上旬、中旬、下旬	5月中旬至6月中旬
扁豆	红扁豆、白扁豆	平地，育苗	800～1 000	15～25	下旬	5月下旬至10月下旬
鲜食大豆	特早95-1、引豆9701、台75	平地或山地，直播	3 000～5 000	20～25	上旬、中旬、下旬	6月中旬至7月中旬
鲜食玉米	浙糯玉4号、农科糯336、美玉7号、金糯628	设施，育苗	500～700	15～20	下旬	6月下旬至7月中旬
生姜	红爪姜、台湾大肥姜	平地，直播	250 000～300 000	—	中旬、下旬	9月下旬至11月中旬
葱	四季小葱	平地，育苗或直播	500～1 000	70～80	中旬、下旬	5月中旬至6月上旬
子莲	志棠白莲、建选31	水田，块茎移栽	120 000～150 000	—	下旬	7月上旬至10月上旬

与种植方式及栽培密度的要求，及时做好整枝工作。例如，茄子、辣（甜）椒品种需把门茄以下侧枝及时全部剪除。番茄品种，若采用单秆整枝方式，要把第1花序以下的侧枝全部剪除，若采用双秆或一秆半整枝方式，除在第1花序以下留1个侧枝外，把其余侧枝剪除。大棚瓜类蔬菜采用搭架或吊蔓栽培方式，需根据合理栽培密度要求，做好整枝工作，一般瓜类蔬菜如黄瓜、瓠瓜、粉质南瓜、小型西瓜等，采用留主蔓，把其余侧蔓剪除，但也有采用双秆整枝方法，在苗期4～5片时，进行摘心，促发侧枝，留2个健壮侧枝。因瓠瓜具有主蔓结瓜晚、子蔓与孙蔓结瓜早的特性，所以为了使大棚瓠瓜早熟、高产，一般瓠瓜主蔓长到接近搭架顶部或1.5米左右时，及时摘心，留中上部健壮侧枝开花结果，坐果后留1～2片叶进行摘心。除及时整枝打杈外，还要及时摘除病叶和老叶，以利于通风透光。整枝打杈和摘除病叶、老叶，要选择晴天进行，然后喷1次农药，防止病菌从伤口侵入。每次整枝和摘除病叶、老叶，要及时清出棚外深埋或烧毁。当晚上大棚内不覆盖小拱棚也不会发生冻害时，要及时搭架与引蔓上架。

2. 做好棚内温湿度管理 3月随着日照时间增长，温度回升，棚内湿气增多，为了减少病害危害发生，满足蔬菜生长发育环境条件要求，必须认真做好大棚温湿度管理工作。要视天气变化和植株生长状况，做好开门与卷膜通风、关门及盖膜保温管理工作。通风时，要防止冷风直接吹入棚内，一般先打开南门通风，温度升高后，卷东西两边的薄膜通风。傍晚前，一定要关好大棚门与盖严薄膜，发现薄膜损坏，必须及修补。

3. 做好保花保果工作 低温会影响较多蔬菜品种授精结果，易发生落花落果。目前，大棚蔬菜生产上防止落花、提高坐果的方法：一是应用植物生长调节剂蘸花或涂于子房，茄果类蔬菜常用防落素喷花，瓜类蔬菜用吡效隆等喷在或涂在子房上。要按说明书使用，防止浓度过高，发生药害。二是采用人工辅助授粉，如大棚小型西瓜、粉质小南瓜、瓠瓜等，可采用人工辅助授粉的方法。

4. 做好病虫害防治工作　3月随着气温升高和棚内湿度增大，蔬菜易发生灰霉病、疫病、枯萎病及蚜虫危害。病虫害防治应采取农业防治和药剂防治相结合，如做好棚内温湿度管理，降低棚内湿度，畦沟铺草，合理施肥水，及时整枝、摘除病老叶，选用对口农药预防等。

（二）小拱棚蔬菜培育管理

塑料小拱棚种植蔬菜，薄膜覆盖时间为30～40天。3月是小拱棚蔬菜生产定植与播种的主要时期，主要有番茄、辣（甜）椒、茄子、黄瓜、粉质小南瓜、西瓜、菜用大豆、四季豆、春萝卜等。小拱棚栽培技术要点如下。

1. 炼苗　定植前3～4天，开始秧苗锻炼，适当控制水分、降低温度，提高幼苗的适应能力。

2. 做好定植前准备工作　如施足底肥，深翻整地、作深沟高畦。

3. 适期定植与播种　果菜类蔬菜可在3月上中旬进行定植，春萝卜、矮生四季豆可在3月初播种。

4. 搭建小棚、覆盖地膜　定植或播种后，要立即覆盖地膜与搭建小拱棚覆盖，覆盖地膜要做到拉紧、铺平、压实，秧苗穴处的地膜用土封严、小拱棚四周薄膜用土压牢，防止风吹破薄膜。

5. 温湿度管理　定植后要闷棚5～7天，以利于促进早缓苗。缓苗后要视天气变化做好通风与盖膜管理，晴天要卷起小拱棚两头薄膜通风或逐步撑起畦边薄膜通风，傍晚时要盖严薄膜。阴雨天，白天卷起小拱棚一头薄膜通风，降低棚内湿度，通风时间可短一些。卷薄膜通风时，要防止风直接吹入，应卷背风面的薄膜通风。春萝卜、矮生四季豆等先播种后覆盖地膜，当苗出土后，及时破膜引苗，防止高温伤苗，并用土将苗周围的膜压严。如果小拱棚定植后，遇到特殊强冷空气侵袭，为防止霜冻危害，可在傍晚小拱棚上加盖遮阳网等保温。

（三）露地蔬菜培育管理

蔬菜壮苗是获得蔬菜优质高产高效的重要技术环节。4月、5月露地定植蔬菜品种较多，栽培面积大，如黄瓜、西瓜、南瓜、丝瓜、苦瓜、冬瓜、四季豆等品种，这些品种需在3月播种育苗。因3月温度较低，不适宜种子发芽和幼苗生长，仍需采用塑料大棚或塑料小拱棚设施育苗。若只采用塑料小拱棚覆盖育苗，晚上需加盖草帘或加1层塑料薄膜覆盖。育苗地要选择高燥向阳地块，要十分重视苗期猝倒病、立枯病、沤根、灰霉病、疫病等综合防治，以预防为主。

1. 种子处理　如瓜类种子，播种前要暴晒1～2天。用温汤浸种，即把种子放入55℃水中，不断搅拌，保持15～20分钟，然后让水温降到30℃继续浸种。

2. 做好棚内温湿度管理　播种后做好保温，一般温度控制在25～30℃，有利于出苗。出苗后，白天温度控制在20～25℃，夜间控制在15～20℃。做好通风与盖膜管理，防止高温伤苗与徒长，降低棚内湿度，减轻病害发生。傍晚盖好薄膜，防止寒害。

3. 注意病虫害防治　若发现猝倒病，在晴天可用噁霉灵或杀毒矾喷雾防治。

4 月蔬菜种植茬口安排及生产农事提示

一、4 月蔬菜种植茬口安排

见表 4。

二、4 月蔬菜生产农事提示

4 月的节气是清明和谷雨。气温回升快、昼夜温差大、雨水较多。4 月蔬菜生产农事繁多，主要农事提示如下。

（一）设施蔬菜栽培

春季大棚番茄、茄子、辣椒、黄瓜、蒲瓜、粉质小南瓜、西（甜）瓜、西葫芦等品种，在 4 月已进入开花结果期或采收期，必须抓实各项培育管理工作。

1. 温湿度管理 要做好大棚通风，即打开大棚门和卷棚两侧薄膜，调节棚内温湿度，满足瓜菜生长发育对环境条件要求。大棚内温度白天控制在 25～30℃、夜间 15～20℃。随着日照增长、温度升高，上午早通风、傍晚覆盖好棚两侧薄膜。为防止冷风直接吹入棚内，应采取背风面通风。下雨天可以开门通风，覆盖棚两侧薄膜，防止雨下入棚内。若遇到冷空气侵入，要盖好薄膜保温。

表4　4月蔬菜种植茬口安排

种类	推荐品种（仅供参考）	种植方式	亩用种量（克）	苗龄（天）	播种期	收获期
辣椒	衢椒1号、玉龙椒、农望长尖、辛丰4号、苏润绿早剑	平地、山地或设施，育苗	30～50	30～50	上旬、中旬、下旬	5月下旬至10月下旬
番茄	浙杂503、浙粉712、石头番茄、钱塘旭日、浙樱粉1号	平地、山地或设施，育苗	30～40	30～50	上旬、中旬、下旬	6月中旬至10月中旬
茄子	引茄1号、浙茄3号、杭茄2010、丰田5号	平地、山地或设施，育苗	50	30～50	上旬、中旬、下旬	7月上旬至10月下旬
黄瓜	博新5-1、博美409、致绿0159、津优12、本地白黄瓜	平地、山地或设施，育苗	100～150	20～30	上旬、中旬、下旬	5月下旬至9月下旬
丝瓜	衢丝1号、五叶香、江蔬1号	平地、山地或设施，育苗	100～300	20～30	上旬、中旬、中旬	6月中旬至10月下旬
南瓜	蜜本南瓜	平地、山地或设施，育苗	75～100	25～40	上旬、中旬、下旬	6月中旬至10月上旬
苦瓜	碧绿青皮苦瓜、乐土白皮苦瓜	平地、山地或设施，育苗	150～250	20～30	上旬、中旬、下旬	6月下旬至10月下旬
瓠瓜	越蒲1号、浙蒲9号	平地、山地或设施，育苗	200	20～35	上旬、中旬、下旬	5月下旬至10月下旬

（续）

种类	推荐品种（仅供参考）	种植方式	亩用种量（克）	苗龄（天）	播种期	收获期
西葫芦	圆葫1号、早青	平地或山地，育苗	150	15～20	上旬、中旬、下旬	5月下旬至6月下旬
冬瓜	粉皮冬瓜、青皮冬瓜	平地或山地，设施	100	15～20	上旬、中旬、下旬	7月上旬至9月上旬
西瓜、甜瓜	早佳8424、浙甜系列、甬甜系列、薄皮甜瓜	平地、山地或设施，育苗	50	20～30	上旬、中旬、下旬	6月中旬至10月中旬
青菜	早熟5号、四月慢、美冠青梗菜、油冬儿	平地、山地或设施，撒播	250～1 000	—	上旬、中旬、下旬	5月中旬至6月下旬
菜薹	四九菜心、广东菜心	平地或山地，撒播	750～1 000	—	上旬、中旬、下旬	5月中旬至6月上旬
甘蓝	夏光、强力50	平地，育苗	30	40～50	上旬、中旬、下旬	5月下旬至6月中旬
萝卜	白雪春2号、浙萝6号、雪月萝卜	平地、山地或设施，条（点）播	200～500	—	上旬、中旬	6月上旬至7月上旬
叶用芥菜	雪里蕻、花叶芥菜	平地或山地，育苗	50～100	30～40	上旬、中旬、下旬	5月下旬至6月中旬
芫荽（香菜）	四季香菜	平地或山地，撒播	3 000～5 000	—	上旬、中旬、下旬	5月中旬至7月上旬
落葵（木耳菜）	大叶木耳菜	平地、山地或设施，撒播	6 000～10 000	—	上旬、中旬、下旬	6月中旬至9月中旬

（续）

种类	推荐品种（仅供参考）	种植方式	亩用种量（克）	苗龄（天）	播种期	收获期
蕹菜	大叶空心菜	平地或设施，育苗	2 000	20～40	上旬、中旬、下旬	6月中旬至10月下旬
苋菜	一点红、青苋菜	平地、山地或设施，撒播	1 500	—	上旬、中旬、下旬	5月上旬至6月下旬
生菜	美国大速生、意大利生菜	平地、山地或设施，育苗	25	30～40	上旬、中旬、下旬	5月下旬至7月上旬
茼蒿	细叶茼蒿、大叶茼蒿	平地、山地或设施，撒播	1 500	—	上旬、中旬、下旬	5月下旬至6月中旬
芹菜	津南实芹、黄心芹	平地、山地或设施，育苗	100～200	40～50	上旬、中旬、下旬	6月中旬至7月上旬
苦荬菜	广东甜麦菜	平地或设施，育苗	50	30	上旬、中旬	5月下旬至7月上旬
豇豆	之豇108、之豇616、海陆通豇豆、扬豇40	平地、设施或山地，育苗	1 500～2 000	20～30	上旬、中旬、下旬	6月上旬至9月下旬
四季豆	红花白荚	平地或山地，直播	2 000～5 000	—	上旬、中旬、下旬	5月中旬至8月中旬
扁豆	红扁豆、白扁豆	平地、设施或山地，育苗	800～1 000	15～20	上旬、中旬、下旬	6月上旬至10月下旬

（续）

种类	推荐品种（仅供参考）	种植方式	亩用种量（克）	苗龄（天）	播种期	收获期
鲜食大豆	引豆 9701、台 75	平地或山地，直播	3 000～5 000	—	上旬、中旬、下旬	7 月上旬至 7 月下旬
鲜食玉米	浙糯玉 4 号、农科糯 336、美玉 7 号、金糯 628	平地或设施，育苗	500～700	20～25	上旬、中旬、下旬	7 月中旬至 7 月下旬
生姜	红爪姜、台湾大肥姜	山地，直播	250 000～300 000	—	上旬	9 月下旬至 11 月中旬
葱	四季小葱	平地，育苗或直播	500～1 000	50～60	上旬、中旬、下旬	6 月中旬至 7 月上旬
子莲	志棠白莲、建选 31	水田，块茎移栽	120 000～150 000	—	上旬、中旬	7 月中旬至 10 月上旬
莲藕	鄂莲 6 号、东荷早藕	水田，块茎移栽	200 000～300 000	—	上旬、中旬	7 月中旬至 9 月上旬
茭白	浙茭 2 号、美人茭、金茭系列	水田，育苗	1 200 株	—	上旬、中旬	10 月中下旬、翌年 5 月下旬至 6 月中旬
菜瓜	青皮菜瓜	平地或山地，育苗	100	20～30	上旬、中旬	7 月上旬至 9 月上旬

2. 整枝、绑蔓与疏果 番茄、黄瓜、蒲瓜、南瓜、西（甜）瓜等要及时进行整枝与绑蔓、摘除老病叶、摘除畸形果及疏果，以利于提高坐果率和果实品质与产量。

3. 保花保果 番茄、茄子、辣椒等应用植物生长调节剂防落素点花，随着温度升高，使用浓度要相应降低。黄瓜、蒲瓜、南瓜、西葫芦、西（甜）瓜等可用高效坐瓜灵（有效成分吡效隆）保花保果。

4. 肥水管理 在果实进入膨大期后或开始采收后，要及时追施肥水，一般每隔10～15天追肥1次，每次每亩追施硫酸钾三元复合肥（氮∶磷∶钾＝17∶17∶17）10～15千克。结合病虫害防治进行根外追肥，在药液中加0.2%磷酸二氢钾或其他叶面肥进行喷雾。土壤要保持湿润，表土见白及时浇水，采用滴灌或人工点浇或沟灌，但沟灌时要注意浅灌和及时排水。

5. 病虫害防治 要以农业防治与药剂防治相结合。要做好各项培育管理措施和病虫害预测预报，选准对口农药防治。

6. 及时采收 一般果菜类品种的第1档果适当提前采收，有利于促进植株生长发育和开花坐果，提高产量与品质。

（二）露地蔬菜栽培

4月是春季露地瓜类、茄果类、豆类等蔬菜栽培进行定植与播种的适期，要抓住农事季节，适期定植与播种，把好定植与播种关。

1. 细致整地、施足基肥

2. 选健壮苗带药带土定植 在定植前要进行炼苗，防治1次病虫害，剔除病苗、弱苗，选择壮苗定植。要根据不同蔬菜种类，选择合适种植密度，定植后要立即浇定根水，促使根系与土密接，有利于缓苗。

3. 应用地膜覆盖栽培　地膜覆盖具有提高地温、保湿、保肥、保持土壤疏松作用，能促进根系生长，是一项护根栽培技术。一般可提前早熟7～10天，增产20%以上。

4. 苗期管理　要及时查苗补苗，未覆盖地膜栽培，要及时中耕除草，施提苗肥1～2次，并做好病虫害防治。4月露地叶菜类蔬菜栽培面积较多，要做好开沟排水，施追肥，加强病虫害防治工作。小白菜是蔬菜市场供应主要品种之一，可以分批播种。对于春甘蓝、茎瘤芥，在做好培育管理的同时，要及时采收。

（三）山地蔬菜栽培

4月是中高海拔山地茄子、番茄、辣（甜）椒栽培播种期，可选用的茄子品种有引茄1号、浙茄3号、杭茄2010、丰田5号；辣椒品种有衢椒1号、农望长尖、辛丰4号、宁椒5号、湘研系列等；番茄品种有浙杂503、浙粉706、钱塘旭日、浙樱粉1号等。

培育壮苗是山地茄果类蔬菜优质高产栽培的基础，山地栽培的育苗技术与平原栽培的育苗技术基本相同。培育山地茄子等蔬菜的壮苗要求如下。

1. 改变原山区露地传统育苗方式　因高山地区4—5月气温较低、多阴雨，不适宜茄子、番茄、辣（甜）椒种子发芽与幼苗生长，需采用塑料大棚、塑料小拱棚或中棚覆盖育苗，可提高温度与防雨淋，有利于培育壮苗。

2. 推广育苗方式　应用穴盘育苗、基质育苗、嫁接育苗，改变原山区传统苗床直播育苗方式。

5月蔬菜种植茬口安排及生产农事提示

一、5月蔬菜种植茬口安排

见表5。

二、5月蔬菜生产农事提示

5月的节气是立夏和小满。5月气候温暖，适宜蔬菜生长与发育，大部分果菜类蔬菜进入采收期。5月降水量较多，将进入梅汛期。5月蔬菜生产主要农事提示如下。

（一）设施蔬菜栽培

1. 温湿度管理 一般大棚果菜类蔬菜，生长适宜温度白天25～30℃，夜间15～20℃。因5月气温已明显升高，需上午早开棚门和卷棚侧膜通风，傍晚关好棚门和覆盖好通风处薄膜，即延长大棚通风时间和增大通风量，降低棚内温湿度，防止高温危害，提高坐果率，防止早衰。当夜间温度15℃以上时，可昼夜通风，但在雨天或刮风天，要关闭温室、大棚的棚门和通风口。

2. 重施肥水 5月设施内温度高，通风量大，蒸腾量大，蔬菜生长迅速，大部分蔬菜已进入开花结果期或采收期或营养

表5　5月蔬菜种植茬口安排

种类	推荐品种（仅供参考）	种植方式	亩用种量（克）	苗龄（天）	播种期	收获期
辣椒	衢椒1号、玉龙椒、农望长尖、辛丰4号、苏润绿早剑	山地，育苗	30～50	30～50	上旬、中旬	7月下旬至10月下旬
番茄	浙杂503、浙粉712、石头番茄、钱塘旭日、浙樱粉1号	山地，育苗	30～40	30～50	上旬、中旬	8月上旬至10月中旬
茄子	引茄1号、浙茄3号、杭茄2010、丰田5号	平地或山地，育苗	50	30～40	上旬、中旬	8月上旬至11月上旬
黄瓜	博新5－1、博美409、致绿0159、津优12、本地白黄瓜	平地、山地或设施，直播或育苗	100～150	20～30	上旬、中旬、下旬	6月上旬至9月下旬
丝瓜	衢丝1号、五叶香、江蔬1号	平地或山地，直播或育苗	100～300	20～30	上旬、中旬、下旬	7月上旬至10月下旬
南瓜	蜜本南瓜	山地，直播或育苗	75～100	20～30	上旬、中旬、下旬	7月中旬至10月上旬
苦瓜	碧绿青皮苦瓜、乐土白皮苦瓜	平地或山地，育苗	150～250	20～30	上旬、中旬、下旬	7月上旬至10月下旬
瓠瓜	越蒲1号、浙蒲9号	山地，育苗	200	15～20	下旬	7月下旬至10月上旬
西葫芦	圆葫1号、早青	山地，直播	150	—	上旬、中旬、下旬	6月下旬至7月下旬
冬瓜	粉皮冬瓜、青皮冬瓜	山地，直播或育苗	100	15～20	上旬、中旬、下旬	7月下旬至9月下旬

（续）

种类	推荐品种（仅供参考）	种植方式	亩用种量（克）	苗龄（天）	播种期	收获期
西瓜、甜瓜	早佳8424、西农8号、美抗系列、薄皮甜瓜	平地、山地或设施，育苗	50	20～30	上旬、中旬、下旬	8月上旬至10月中旬
青菜	早熟5号、四月慢、美冠青梗菜	平地、山地或设施，撒播	250～1 000	—	上旬、中旬、下旬	6月下旬至7月下旬
菜薹	四九菜心、广东菜心	平地或山地，撒播	750～1 000	—	上旬、中旬、下旬	6月中旬至7月上旬
甘蓝	夏光、强力50	平地或山地，育苗	30	30～50	上旬、中旬、下旬	8月上旬至9月下旬
萝卜	耐暑40大根、夏抗40	平地或山地，条（点）播	200～500	—	上旬、中旬	6月中旬至7月下旬
芥菜	黄叶雪里蕻、花叶芥菜、落汤青	平地或山地，育苗	100～150	35～45	上旬、中旬、下旬	6月中旬至7月上旬
芫荽（香菜）	四季香菜	平地、山地或设施，撒播	3 000～5 000	—	上旬、中旬、下旬	6月下旬至7月中旬
落葵（木耳菜）	大叶木耳菜	平地、山地或设施，撒播	6 000～10 000	—	上旬、中旬、下旬	6月中旬至10月中旬
蕹菜	大叶空心菜	平地或设施，育苗	2 000	20～30	上旬、中旬、下旬	6月中旬至10月下旬
苋菜	一点红、青苋菜	平地或山地，撒播	1 500	—	上旬、中旬、下旬	5月下旬至7月上旬

（续）

种类	推荐品种（仅供参考）	种植方式	亩用种量（克）	苗龄（天）	播种期	收获期
生菜	美国大速生、意大利生菜	平地、山地或设施，育苗	25	30～40	上旬、中旬、下旬	6月下旬至8月上旬
油麦菜	翠香、四季	平地或山地，育苗	15～50	25～30	上旬、中旬、下旬	7月上旬至8月中旬
茼蒿	细叶茼蒿、大叶茼蒿	平地、山地或设施，撒播	1 500	—	上旬、中旬、下旬	6月中旬至7月上旬
豇豆	之豇108、之豇616、海陆通豇豆、扬豇40	平地或山地，直播或育苗	1 500～2 000	20～30	上旬、中旬、下旬	7月上旬至9月下旬
四季豆	红花白荚	山地，直播	2 000～5 000	—	上旬、中旬、下旬	6月下旬至8月下旬
扁豆	红扁豆、白扁豆	平地或山地，直播	1 000～1 500	—	上旬、中旬	6月下旬至10月下旬
刀豆	蔓生种	山地，直播	2 500～3 000	—	上旬、中旬	7月中旬至8月下旬
鲜食大豆	引豆9701、台75	平地或山地，直播	3 000～5 000	—	上旬、中旬	7月上旬至8月下旬
鲜食玉米	浙糯玉4号、农科糯336、美玉7号、金糯628	平地或山地，直播	500～700	—	上旬、中旬、下旬	8月上旬至8月下旬
生姜	红爪姜、台湾大肥姜	平地或山地，直播	250 000～300 000	—	上旬、中旬、下旬	9月下旬至11月中旬
葱	四季小葱	平地或山地，育苗或直播	500～1 000	40～45	上旬、中旬、下旬	7月中旬至9月中旬

生长旺期，需要肥水量大。因此，要根据不同蔬菜生长发育与土壤肥水状况，科学合理追施肥水。推荐使用水肥一体化系统灌溉，每次浇水量不宜过大。追肥要少量多次，可结合浇水，可施用三元复合肥。根外追肥可选用磷酸二氢钾或专用叶面肥等喷施叶面。

3. 加强培育管理 搭架栽培的蔬菜，要及时作好整枝、绑蔓，摘除老病叶。瓜类蔬菜（如南瓜、瓠瓜、西瓜等）用吡效隆保花保果。茄果类蔬菜（如茄子、番茄等）用防落素蘸花或喷花，随着气温升高，使用浓度要降低。

4. 病虫害防治 5月是病虫害盛发期。除采用农业防治措施外，要加强病虫害预测预报，选准对口低毒低残留农药，严格按照无公害蔬菜产品农药安全间隔期使用，大力推广生物、物理等防治技术，采用频振式杀虫灯、性诱剂杀灭害虫等。小白菜是衢州蔬菜市场销售量大的种类之一，但在多雨和较高温季节露地难以栽培，病虫害严重，产量低，采用温室大棚避雨栽培或采用防虫网覆盖栽培，可获得无公害优质高产的小白菜，5—8月可在大棚内分批多茬播种，均衡供应市场，经济效益好。

（二）露地蔬菜栽培

5月露地蔬菜生长迅速、品种甚多，有茄果类（番茄、茄子、辣椒、甜椒）；瓜类（黄瓜、瓠瓜、丝瓜、苦瓜、冬瓜、西瓜、甜瓜）；豆类（长豇豆、菜豆、扁豆、菜用大豆、豌豆）；薯芋类（马铃薯、芋、生姜）；水生蔬菜（茭白、莲藕）；甘蓝类（结球甘蓝、花椰菜）；绿叶菜类（芹菜、莴苣）；白菜类（春大白菜、小白菜）；葱蒜类（韭菜、大葱）等。有的蔬菜处在营养生长期，有的蔬菜同时处在营养生长和开花结果期，有的蔬菜处在开花结果或采收期。因此，5月露地蔬菜生产农事，要因地制宜，根据不同蔬菜生长发育阶段，按照无公害蔬菜操作技术规范，做好培育管理与病虫害综合防治。主要农事有浅中耕除草与清沟培土；需搭架栽培的蔬菜，如黄瓜、瓠瓜、丝瓜、苦瓜、南瓜、番茄、长豇豆、菜豆、扁豆等，要及时搭架，可采用搭人字架或棚架方式，并要及时绑蔓或引蔓上架，及时整枝、摘老病叶；为了提高西瓜、南瓜、瓠瓜等蔬菜的坐果率，可用吡效隆保花保果；加强肥水管理。汛期来临前要及时开沟排水，防止涝害。在施足基肥的前提下，追肥以勤施淡施为原则，生长前期少施，果实膨大期后要重施，并可进行根外追肥。

5月露地蔬菜易发病虫害，必须采取农业防治与药剂防治相结合，做好病虫害预测预报，选用对口低毒低残量农药及早防治。

（三）山地蔬菜栽培

1. 山地茄果类（茄子、辣椒、甜椒、番茄）**蔬菜栽培**

（1）培育壮苗。采用塑料大棚或塑料小拱棚覆盖育苗，做好大棚或小拱棚苗床温湿度管理，晴天要卷膜通风，降低小拱棚内温湿度，防止高温伤苗，在夜间或雨天要覆盖薄膜保温与防雨淋。定植前1周，要逐渐加大通风量，降温炼苗，以适应露地环境。

（2）把好定植关。适宜定植期在5月中下旬，整地时除施足基肥外，可每亩施生石灰100～150千克，起到调节土壤酸碱度的作用。定植时，要剔除弱苗与病苗，选择壮苗，带药带土，在晴天定植。定植后，随即浇定根水，促使秧苗根系与土密接，促进早缓苗。为了防治茄果类蔬菜青枯病，可在定根水中加入中生菌素或新植霉素。

2. 做好山地其他蔬菜的播种和育苗 5月适宜播种的其他山地蔬菜有西瓜、瓠瓜（长瓜）、黄瓜、粉质小南瓜、蔓性菜豆、菜用大豆、甘蓝、夏秋萝卜等。适宜播种期的确定，要因地制宜，根据不同蔬菜生物学特性、产品采收上市时间、种植地块所处的海拔等因子综合分析确定。5月播种蔬菜必须抓好培育壮苗工作，其育苗技术与以往介绍的蔬菜育苗技术基本相同，需采用塑料大棚或塑料小拱棚覆盖，采用塑料营养钵或穴盘或营养土块育苗。经催芽的瓜类蔬菜种子，可直接点播于营养土块或塑料营养钵或穴盘中，甘蓝的幼苗在2片真叶时进行分苗。做好棚温湿度管理和苗期肥水管理及病虫害防治。

6月蔬菜种植茬口安排及生产农事提示

一、6月蔬菜种植茬口安排

见表6。

二、6月蔬菜生产农事提示

6月的节气是芒种和夏至，气温继续升高。6月是南方地区一年中降水量较多的时段，是梅汛期，易发生洪涝灾害。6月气温适宜喜温和耐热蔬菜生长及发育。多数蔬菜处在采收旺期，随着气温升高，喜温果菜类蔬菜逐渐转为衰老期或采收结束。主要农事提示如下。

（一）设施蔬菜栽培

1. 抓好春季大棚蔬菜栽培后期管理

（1）加大通风量降温和避雨。即在晴天昼夜打开大棚门和棚东西两侧薄膜通风；下雨时，要盖好通风处薄膜，防止雨直接下进棚内；雨后要及时通风。对于番茄和辣椒，在晴天高温时，采用遮阳网覆盖，可防止果实日灼病危害，并可延长果实采收期，提高产量与品质。

（2）加强培育管理。继续做好追肥、灌溉、摘除病叶与

表6　6月蔬菜种植茬口安排

种类	推荐品种（仅供参考）	种植方式	亩用种量（克）	苗龄（天）	播种期	收获期
黄瓜	博美409、致绿0159、津优系列	平地、山地或设施，直播或育苗	100～150	20～40	上旬、中旬、下旬	6月中旬至10月中旬
瓠瓜	越蒲1号、浙蒲9号	山地，育苗	200	15～25	上旬、中旬	8月上旬至10月上旬
西瓜	美抗系列	平地或山地，直播或育苗	50	15～25	中旬、下旬	8月中旬至9月上旬
青菜	早熟5号、抗热快菜品种、美冠青梗菜	平地、山地或设施，撒播	250～1 000	—	上旬、中旬、下旬	7月下旬至8月下旬
菜薹	四九菜心、广东菜心	平地或山地，撒播	750～1 000	—	上旬、中旬、下旬	6月中旬至7月中旬
松花菜	雪松55天、雪松60天、力禾55天、力禾60天	平地或山地，育苗	30	20～30	中旬、下旬	9月上旬至10月上旬
西蓝花	台绿系列、绿雄90、优秀	平地或山地，育苗	30	25～30	中旬、下旬	11月上旬至11月下旬
甘蓝	夏光、强力50	平地，育苗	30	25～30	上旬、中旬、下旬	9月下旬至10月中旬
萝卜	白玉夏、夏抗40	山地，条（点）播	200～500	—	上旬、中旬、下旬	7月下旬至9月下旬

（续）

种类	推荐品种（仅供参考）	种植方式	亩用种量（克）	苗龄（天）	播种期	收获期
芥菜	黄叶雪里蕻、花叶芥菜、落汤青	平地或山地，直播或育苗	100～500	20～25	上旬、中旬、下旬	8月上旬至8月下旬
芫荽（香菜）	四季香菜	平地、山地或设施，撒播	3 000～5 000	—	上旬、中旬、下旬	7月中旬至8月上旬
落葵（木耳菜）	大叶木耳菜	平地、山地或设施，撒播	6 000～10 000	—	上旬、中旬、下旬	6月上旬至7月下旬
蕹菜	柳叶空心菜	平地、山地或设施，撒播或育苗	2 000	15～25	上旬、中旬、下旬	7月中旬至10月下旬
苋菜	一点红、青苋菜	平地或山地，撒播	1 500	—	上旬、中旬、下旬	6月下旬至7月下旬
生菜	美国大速生、意大利生菜	平地、山地或设施，育苗	25	—	上旬、中旬、下旬	7月下旬至9月上旬
油麦菜	翠香、四季	平地、山地或设施，直播	250～300	—	上旬、中旬、下旬	7月中旬至8月上旬
茼蒿	细叶茼蒿、大叶茼蒿	平地、山地或设施，撒播	1 500	—	上旬、中旬、下旬	7月中旬至8月上旬

（续）

种类	推荐品种（仅供参考）	种植方式	亩用种量（克）	苗龄（天）	播种期	收获期
芹菜	津南实芹、金于夏芹	平地、山地或设施，育苗	150～250	40～50	中旬、下旬	9月上旬至10月中旬
豇豆	之豇108、之豇616、海陆通豇豆、扬豇40	平地或山地，直播	1 500～2 000	—	上旬、中旬、下旬	8月上旬至9月中旬
四季豆	红花白荚	山地，直播	2 000～5 000	—	上旬、中旬、下旬	7月上旬至9月中旬
鲜食大豆	特早95-1、青酥2号	平地或山地，直播	3 000～5 000	—	上旬、中旬、下旬	9月上旬至9月下旬
鲜食玉米	浙糯玉4号、农科糯336、美玉7号、金糯628	平地或山地，直播	500～700	—	上旬、中旬、下旬	9月下旬至10月上旬
茭白	浙茭2号、美人茭、金茭系列	平地或山地水田，育苗	1 200株	—	中旬、下旬	10月下旬至11月下旬
葱	四季小葱	平地或山地，育苗	500～1 000	50～60	上旬、中旬、下旬	8月上旬至8月下旬
荸荠	大红袍荸荠	平地水田，育苗	20 000	—	上旬、中旬、下旬	12月上旬至翌年1月中旬

老叶、整枝与绑蔓、病虫害防治工作。春季大棚瓜菜采收结束后，要及时做好棚内清园工作。把大棚瓜菜植株与枝叶，清出棚外烧毁或堆埋，深翻耕土壤，可安排种一茬夏季大棚小白菜。若在夏季（7 月）不进行栽培，为了防止大棚土壤盐类积聚对瓜菜的危害，可采用大棚内灌水淹地或揭开大棚薄膜淋雨措施。

2. 抓好培育秋季大棚茄子和辣椒秧苗的准备工作　秋季大棚茄子、辣椒栽培的播种适期是 6 月下旬至 7 月中旬。其种子消毒、浸种催芽、播种、移苗等育苗技术与春季大棚茄子、辣椒育苗技术相同。6—7 月高温和多雨期间育苗，宜采用大棚网膜覆盖育苗。晴热天气 10：00—15：00 覆盖遮阳网降温，防止高温伤苗。高温季要特别重视蚜虫与病毒病的防治。

（二）露地蔬菜栽培

6 月露地栽培的蔬菜较多，大多数蔬菜处在采收和营养生长旺期。6 月多雨天气，不利于露地果菜类生长与发育，易引起早衰，病虫害严重。因此，要针对不同蔬菜栽培技术要求，精细培育管理是获得优质高产高效的关键。如已进入采收期的果菜类蔬菜，每隔 7～10 天追肥 1 次，干旱时要及时浇水，雨后要及时排水；同时，要做好整枝与绑蔓，摘除老叶与病叶，做好病虫害防治，及时采收等。露地秋季栽培秋花椰菜（55 天、60 天品种）、秋茄子、秋辣椒等蔬菜，宜在 6 月中下旬播种育苗。选择适宜秋季栽培的优质高产蔬菜，采用大棚设施遮阳育苗。苗期晴天中午前后，覆盖遮阳网降温。当苗床干旱时，在早晨和傍晚时浇水为好。

（三）山地蔬菜栽培

6月是山地茄果类（茄子、辣椒、甜椒、番茄）、瓜类（瓠瓜、黄瓜、西瓜、粉质小南瓜）、甘蓝、四季豆等蔬菜定植或播种期，其高效栽培技术关键如下。

1. 栽培地块选择 要根据不同瓜菜蔬菜的生物学特性，选择适宜海拔与地形的地块；不宜选择冷水田，要选择土层深厚、排水良好、2 年以上没有种过同科蔬菜的水田或旱地地块；土壤宜选沙质壤土或壤土。

2. 细致整地和施足基肥 在春天开花作物收割后，要抓紧时间在晴天耕翻土地与整地，作深沟高畦，施足基肥，一般每亩施有机肥 2 000～3 000 千克，每亩施三元复合肥（氮∶磷∶钾＝17∶17∶17）和钙镁磷肥各30～40千克，每亩施生石灰 75～150 千克。

3. 把好定植关 定植前 1 周，要降温炼苗。定植时，选择晴天，做到带药、带土和选择壮苗定植。定植后及时浇定根水，促使秧苗根系和土壤密接，促进早缓苗。为了预防茄果类蔬菜青枯病等细菌性病害，在浇定根水时，可加中生菌素或新植霉素 3 000 倍液一起浇入。

4. 培育管理 山地蔬菜生长前期，一般要进行中耕培土，第 1 次中耕在定植或播种后 10 天左右，第 2 次中耕在搭架或植株生长封垄前。中耕时，要注意不伤根系，植株附近杂草用手拔除。结合中耕追施提苗肥 2 次，每次每亩施三元复合肥 10～15 千克。对需进行搭架栽培的蔬菜，要及时搭架和引蔓上架。并要根据不同蔬菜植物学特性，做好整枝。例如，高山茄子、辣（甜）椒栽培，选择晴天把第 1 花节以下的各叶节侧枝及时剪除，有利于减少养分损耗，使植株养分集中供应主茎生长，提高结果率，促使果实发育，提高产量与品质。

山地爬地西瓜栽培一般采用三蔓整枝方法，即留主蔓再留2根健壮侧枝。高山番茄栽培可采用单秆或双秆整枝法。单秆整枝法只留1个主枝，把其余侧枝全部剪除；双秆整枝法，留主枝并在第1花序下再留1个侧枝，把其余侧枝剪除。要做好高山蔬菜病虫害防治，选择对口农药及时防治。

7 月蔬菜种植茬口安排及生产农事提示

一、7 月蔬菜种植茬口安排

见表 7。

二、7 月蔬菜生产农事提示

7 月的节气是小暑和大暑，是浙江省衢州市最热月份之一，平均气温为 27.0～29.5℃，雨水蒸发量大，易发生干旱。春季蔬菜栽培和秋季蔬菜栽培的主要品种在 7 月换茬。7 月蔬菜栽培主要农事提示如下。

（一）设施蔬菜栽培

1. 除杂整地　春季大棚蔬菜采收结束后，要及时把蔬菜的植株、烂果及杂草等清除干净；及时进行翻地与整地，为秋季大棚蔬菜播种与定植作好准备。

2. 夏季大棚速生叶菜（毛白菜、小白菜）**栽培**　要选择耐热的优良品种如早熟 5 号等，必须做好防虫、防高温干旱、防暴雨等危害管理，即大棚四周采用防虫网覆盖，棚顶采用塑料薄膜覆盖，在晴天采用遮阳网覆盖；及时浇施肥水，保持土壤湿润，促进植株迅速生长。

表 7　7 月蔬菜种植茬口安排

种类	推荐品种（仅供参考）	种植方式	亩用种量（克）	苗龄（天）	播种期	收获期
辣椒	衢椒 1 号、玉龙椒、辛丰 4 号	设施，育苗	30	30～40	上旬、中旬	9 月中旬至 12 月下旬
茄子	引茄 1 号、浙茄 3 号、杭茄 2010	平地或设施，育苗	50	30～40	中旬	9 月下旬至 12 月下旬
番茄	浙杂 503、浙粉 712、钱塘旭日、石头番茄	设施，育苗	20～30	30～40	上旬、中旬	9 月中旬至 12 月中旬
黄瓜	博新 5 - 1、博美 409、致绿 0159、津优 12	平地，育苗或直播	150～300	15～25	上旬、中旬、下旬	8 月下旬至 10 月中旬
瓠瓜	越蒲 1 号、浙蒲 9 号	山地，育苗	200	15～20	上旬、中旬	9 月上旬至 10 月中旬
苦瓜	碧绿青皮苦瓜、乐土白皮苦瓜	平地，育苗	150～250	20～25	上旬、中旬、下旬	10 月上旬至 10 月下旬
豇豆	之豇 108、之豇 616、海陆通豇豆、扬豇 40	平地或山地，直播	1 500～2 000	—	上旬、中旬、下旬	8 月中旬至 10 月中旬
四季豆	红花白荚	平地或山地，直播	2 000～5 000	—	中旬、下旬	9 月中旬至 11 月中旬
鲜食大豆	特早 95 - 1、青酥 2 号	平地，直播	3 000～5 000	—	上旬	9 月下旬至 10 月上旬
青菜	早熟 5 号、抗热快菜品种、美冠青梗菜	平地、山地或设施，撒播	250～1 000	—	上旬、中旬、下旬	8 月中旬至 9 月下旬

（续）

种类	推荐品种（仅供参考）	种植方式	亩用种量（克）	苗龄（天）	播种期	收获期
大白菜	早熟5号、夏阳	平地、山地或设施，育苗	100～150	25～40	上旬、中旬、下旬	9月上旬至10月上旬
菜薹	四九菜心、广东菜心	平地或山地，撒播或育苗	750～1 000	—	上旬、中旬、下旬	8月下旬至10月中旬
松花菜	雪松60天、雪松80天、雪松90天、力禾80天	平地或山地，育苗	30	20～30	上旬、中旬、下旬	9月下旬至11月上旬
西蓝花	台绿系列、绿雄90、优秀	山地，育苗	30	20～30	上旬、中旬、下旬	10月下旬至11月中旬
甘蓝	强力50、京丰1号	平地或山地，育苗	50	20～30	上旬、中旬、下旬	10月中旬至12月上旬
苤蓝	神禾春秋、种都青苤蓝	山地，育苗	35	20～30	中旬、下旬	11中旬至12月上旬
油麦菜	四季香甜油麦菜	平地、山地或设施，育苗	150	15～25	中旬、下旬	8月下旬至9月上旬
莴笋	特耐热二白皮、绿奥神剑、极品青剑	设施或平地，育苗	50	25～30	上旬、中旬、下旬	9月下旬至10月中旬
芹菜	黄心芹、金于土芹菜	平地、山地或设施，育苗	250～300	40～50	上旬、中旬、下旬	9月中旬至11月中旬

（续）

种类	推荐品种（仅供参考）	种植方式	亩用种量（克）	苗龄（天）	播种期	收获期
苋菜	一点红苋菜、青苋菜	平地或山地，直播	1 500	—	上旬、中旬、下旬	8月中旬至9月上旬
生菜	美国大速生	平地、山地或设施，育苗	25	15～25	上旬、中旬、下旬	8月中旬至9月上旬
芥菜	黄叶雪里蕻、花叶芥菜、落汤青	平地或山地，直播或育苗	100～500	15～25	上旬、中旬、下旬	9月上旬至10月上旬
芫荽（香菜）	四季香菜	平地或设施，撒播	3 000～5 000	—	上旬、中旬、下旬	8月中旬至9月中旬
落葵（木耳菜）	大叶木耳菜	平地、山地或设施，撒播	6 000～10 000	—	上旬、中旬、下旬	8月中旬至10月下旬
茼蒿	细叶茼蒿、大叶茼蒿	平地、山地或设施，撒播	1 500	—	上旬、中旬、下旬	8月中旬至9月上旬
萝卜	短叶13、一点红	平地或山地，直播	1 000～1 500	—	上旬、中旬、下旬	9月中旬至11月上旬
葱	四季小葱	平地，育苗	500～1 000	40～50	上旬、中旬、下旬	9月上旬至10月上旬
鲜食玉米	浙糯玉4号、农科糯336、美玉7号	平地，直播	500～700	—	上旬、中旬、下旬	10月中旬至10月下旬
荸荠	大红袍荸荠	平地水田，育苗	20 000	20～25	上旬、中旬	12月上旬至12月下旬

3. 秋季大棚蔬菜栽培 7 月主要抓好适时播种和培育壮苗工作。秋季蔬菜育苗，需采用塑料大棚育苗，顶棚用塑料薄膜覆盖避雨，卷起大棚四周薄膜通风，晴天 10：00—15：00 覆盖遮阳网，防止高温伤苗。大棚四周挖好排水沟，苗床制成深沟高畦，防止涝害。另外，高温期间育苗，种子发芽和秧苗生长快，苗龄短。因此，秧苗培育管理上要特别注意防止徒长，要做到适时分苗，及时浇施肥水和做好病虫害防治与及时定植。

（二）露地蔬菜栽培

春季露地蔬菜多数品种在 7 月中旬采收结束。但耐热蔬菜品种，如豇豆、冬瓜、丝瓜、苦瓜、辣椒等仍为采收期。这些是夏秋蔬菜市场供应的主要品种，要抓好追施肥水和病虫害综合防治与及时采收，确保优质高产。

秋季露地蔬菜 7 月主要农事是适时播种和培育壮苗及部分蔬菜定植。

1. 播种期要求严格 有的蔬菜早播易发生病毒病，若晚播因生育后期气温低，会严重影响产量。因此，根据不同蔬菜要适时播种。

2. 茬口安排 要与非同科蔬菜轮作，不宜重茬。

3. 适当提前追肥 促进植株生长发育，有利于提高产量。

4. 加强病毒病综合防治 选择抗病性强的蔬菜品种，及时防治蚜虫，发现病株要及时拔除，清除出菜园。

（三）山地蔬菜栽培

1. 培育管理 山地蔬菜种植种类多，不同海拔菜地播期不同。所以，山地蔬菜栽培所处生育期不同，必须因地制宜，根据蔬菜不同种类的生育期做好各项培育管理。

（1）畦面铺草。山地蔬菜栽培，一般在中耕除草和培土与施肥后，或搭架后，用草（青草、稻草等）覆盖畦面，具有降低地温，防止土壤板结，保湿、保肥和草腐烂后增加土壤养分，减少杂草和减轻病虫危害，促进根系生长等作用，是一项护根栽培技术，可有效地增加产量。

（2）肥水管理。在雨后要及时排水，防止涝害。高温干旱时，要及时浇水，采用沟灌方法要注意灌“跑马水”。瓜类和茄果类蔬菜果实进入膨大期后，以及菜豆在开始采收后，要及时追肥，少量多次。一般每隔 10 天左右施追肥 1 次，每次每亩追施三元复合肥（氮：磷：钾＝17：17：17）10～15 千克。根外追肥，可用 0.2%磷酸二氢钾或其他叶面肥，进行叶面喷施。

（3）及时整枝、绑蔓与摘除病叶与老叶。刮风下雨后要及时检查，若发现植株倒伏，及时培土扶正。若支架倒了，要及时搭好架与用支柱加固。

（4）病虫害防治。要严格按照无公害蔬菜生产规范要求，在安全间隔期内使用农药。

2. 及时采收　7 月较多的山地蔬菜种类已进入采收期，需根据蔬菜市场或加工企业产品标准要求，及时采收，确保果实新鲜品优。

3. 适时播种与培育壮苗　利用中高海拔山区夏季凉爽气候条件，根据蔬菜市场需要，发展种植山地秋冬蔬菜提前上市。7 月可播种的种类有黄瓜、四季豆等。

8月蔬菜种植茬口安排及生产农事提示

一、8月蔬菜种植茬口安排

见表8。

二、8月蔬菜生产农事提示

8月的节气是立秋和处暑，是衢州市最热月份之一，往往会出现连续高温干旱的异常天气；同时，8月台风活动频繁，对蔬菜生产影响很大。8月蔬菜生产主要农事提示如下。

（一）秋季蔬菜生产

1. 适时播种　8月是秋季主要蔬菜种类播种与定植的时间。8月气温变化大，上旬高温，中旬开始气温逐渐下降。因此，秋季蔬菜栽培播种期要求严格，早播因高温会造成蔬菜植株生长不良和引发病毒病危害，晚播会使蔬菜作物生长期有效积温减少，生长期缩短，影响产量和效益。秋季蔬菜栽培必须根据不同种类生物学特性，因地制宜，选择适宜播种期和定植期。

例如，秋季茄果类蔬菜（如辣椒、番茄）定植期在7月上中旬；而秋季瓜类蔬菜（黄瓜、长瓜等）在7月下旬至8月初进入播种期，8月上旬至8月中旬定植；平地秋豇豆要在8月

表8 8月蔬菜种植茬口安排

种类	推荐品种（仅供参考）	种植方式	亩用种量（克）	苗龄（天）	播种期	收获期
黄瓜	博新 5 - 1、博美 409、致绿 0159、津优 12	平地或设施，育苗	150～300	15～20	上旬、中旬、下旬	9月下旬至10月中旬
瓠瓜	越蒲 1 号、浙蒲 9 号	平地或设施，育苗	200	15～20	上旬、中旬	10月中旬至12月上旬
苦瓜	碧绿青皮苦瓜、乐土白皮苦瓜	平地，育苗	150～250	15～20	上旬、中旬、下旬	10月下旬至11月下旬
西葫芦	圆葫 1 号、早青	设施，育苗	150	15～20	上旬、中旬、下旬	10月中旬至11月下旬
豇豆	之豇 108、之豇 616、海陆通豇豆、扬豇 40	平地或设施，直播	1 500～2 000	—	上旬、中旬、下旬	9月上旬至11月中旬
四季豆	红花白荚	平地，直播	2 000～5 000	—	上旬、中旬、下旬	9月中旬至11月中旬
豌豆	中豌 4 号、荷兰豆	设施，直播	3 000～5 000	—	上旬	10月中旬至12月中旬
青菜	早熟 5 号、美冠青梗菜、上海青	平地、山地或设施，撒播	250～1 000	—	上旬、中旬、下旬	9月上旬至12月上旬

（续）

种类	推荐品种（仅供参考）	种植方式	亩用种量（克）	苗龄（天）	播种期	收获期
大白菜	早熟5号、改良青杂2号	平地、山地或设施，育苗	100～150	25～35	上旬、中旬、下旬	11月下旬至翌年1月下旬
菜薹	四九菜心、广东19	平地或山地，撒播或育苗	750～1 000	—	上旬、中旬、下旬	9月中旬至11月中旬
松花菜	雪松或85天、90天、95天	平地或山地，育苗	30	25～35	上旬、中旬、下旬	12月上旬至翌年1月下旬
西蓝花	台绿系列、绿雄90、优秀	山地，育苗	30	25～35	上旬、中旬、下旬	11月中旬至翌年1月中旬
甘蓝	鸡心、京丰1号	平地或山地，育苗	50	25～35	上旬、中旬、下旬	11月下旬至翌年1月中旬
苤蓝	神禾春秋、种都青苤蓝	平地，育苗	50	25～35	下旬	12月中旬至翌年1月下旬
芥蓝	早花芥蓝	平地，育苗	50	25～35	下旬	10月中旬至11月下旬
油麦菜	四季香甜油麦菜	平地，育苗	150	15～20	上旬、中旬	9月中旬至10月上旬
莴笋	特耐热二白皮、红叶莴笋	平地或山地，育苗	50	25～35	上旬、中旬、下旬	11月上旬至12月上旬

（续）

种类	推荐品种（仅供参考）	种植方式	亩用种量（克）	苗龄（天）	播种期	收获期
芹菜	黄心芹、金于芹菜、四季西芹	平地或山地，育苗	250～300	40～50	上旬、中旬、下旬	10 月下旬至 12 月下旬
苋菜	一点红苋菜、青苋菜	平地或设施，直播	1 500	—	上旬	9 月上旬至 9 月下旬
生菜	美国大速生	平地、山地或设施，育苗	25	15～25	上旬、中旬、下旬	9 月中旬至 11 月上旬
芥菜	黄叶雪里蕻、落汤青	平地或山地，直播或育苗	100～500	20～30	上旬、中旬、下旬	9 月中旬至 10 月下旬
芫荽（香菜）	四季香菜	平地或设施，撒播	3 000～5 000	—	上旬、中旬、下旬	9 月中旬至 10 月下旬
落葵（木耳菜）	大叶木耳菜	设施，撒播	6 000～10 000	—	上旬、中旬、下旬	9 月下旬至 10 月中旬
茼蒿	细叶茼蒿、大叶茼蒿	平地或山地或设施，撒播	1 500	—	上旬、中旬、下旬	9 月中旬至 10 月下旬
菠菜	全能菠菜	平地或山地，撒播	5 000～7 500	—	上旬、中旬、下旬	9 月下旬至 11 月下旬
棒菜	薄皮棒菜	平地，育苗	50	25～35	中旬、下旬	12 月中旬至翌年 1 月下旬
萝卜	短叶 13、一点红	平地或山地，直播	250～700	—	上旬、中旬、下旬	9 月下旬至 12 月下旬

（续）

种类	推荐品种（仅供参考）	种植方式	亩用种量（克）	苗龄（天）	播种期	收获期
胡萝卜	新黑田5寸	平地，直播	1 000～1 500	—	上旬、中旬、下旬	11月下旬至翌年2月中旬
葱	四季小葱	平地或山地，育苗或撒播	500～2 000	40～50	上旬、中旬、下旬	11月中旬至翌年1月下旬
大蒜	四川紫皮大蒜	平地或山地，直播	100 000～150 000	—	上旬、中旬、下旬	10月上旬至翌年3月下旬
韭菜	久星10号	平地或山地，育苗	1 000～1 500	40～50	中旬、下旬	翌年3月下旬至4月中旬
藠头	牛腿藠、本地土种	平地或山地，直播	150 000～200 000	—	上旬、中旬、下旬	翌年6月上旬至6月下旬
鲜食玉米	浙糯玉4号、农科糯336、美玉7号	平地或大棚，直播	500～700	—	上旬、中旬	11月上旬至11月下旬
马铃薯	东农303、中薯4号	平地或山地，直播	150 000～200 000	—	下旬	11月中旬至12月上旬
马兰头	阔叶野生种、细叶野生种	平地或设施，分株移栽	—	—	上旬、中旬、下旬	10月下旬至翌年6月上旬

上旬及时播种，否则采收期明显缩短；露地栽培莴笋特别是红叶莴笋播种期最好在9月上旬，如果太早播种，极易出现先期抽薹现象，严重影响产量品质。

2. 做好定植，确保成活，促进早缓苗　在高温干旱时，为了确保蔬菜定植后成活与早缓苗，需做到干旱地块要先浇透水后再翻耕和整地作畦；起苗时，苗床先浇足水后起苗，苗要带土块，减少根系损伤；定植时要选择阴天或15：00后定植；定植后随即浇足定根水，要连续在傍晚浇水3～4天；若有条件，晴天采用遮阳网覆盖4～5天，在9：00—16：00覆盖；采用畦面铺草，具有明显降低地温和保湿的效果。

3. 培育管理　8月各项技术关键要抓“早”。及时追施肥水，保持土壤湿润，一般追施提苗肥2～3次，促进植株早生长发育；及时中耕除草与培土；及时整枝与搭架；秋季大棚蔬菜要做好通风管理。要把大棚门打开、棚侧膜卷起，当大风或台风暴雨来临前，要把大棚门关好和棚膜全部盖严，在大风暴雨过后，及时打开。大棚四周要挖好排水沟，以利于排水；抓好病虫害防治。要加强田间检查，若发现病虫害，选择对口农药及早进行防治。高温干旱天气，蔬菜易发生病毒病。

病毒病须采取以下措施综合防治。

（1）做好传毒媒介蚜虫、粉虱的防治，可选啶虫脒、氟啶虫胺腈、螺虫乙酯、噻嗪酮、吡虫啉等农药防治。

（2）选用20%病毒A等农药喷雾防治。

（3）发现病毒病严重的植株，要及时拔除，清出田外深埋。

（二）山地蔬菜栽培

8月大部分山地蔬菜已进入采收旺季，但8月会出现连续高温干旱，危害山地蔬菜的生长发育，栽培上要抓好以抗旱保苗为主的培育管理工作，具体技术要点参照7月。

1. 畦面铺草保湿护根防草。

2. 高温干旱时，及时浇水抗旱。

3. 抓好病虫害防治。

4. 及时采收上市。在霜前（11月上中旬）采收秋冬蔬菜，如秋鲜食玉米（立秋前播种育苗）、秋莴苣笋（8月上中旬播种育苗）、萝卜、早熟大白菜等。

5. 对受高温干旱严重影响的山地蔬菜要及时改种。

9月蔬菜种植茬口安排及生产农事提示

一、9月蔬菜种植茬口安排

见表9。

二、9月蔬菜生产农事提示

9月的节气是白露和秋分，衢州市9月仍处于夏秋蔬菜淡季。9月上旬后，气温日趋降低，历年平均气温23～25℃，适宜多种秋季蔬菜生长。9月秋季蔬菜生产主要农事提示如下。

（一）加强秋季蔬菜培育管理

9月秋延设施蔬菜、早熟花菜等进入营养生长旺盛期和开花结果期，要认真做好蔬菜培育管理工作。秋季大棚瓜菜培育管理如下。

1. 通风降温与防雨 开门和卷起棚四周膜通风降温，但遇到大风、暴雨时，盖好大棚膜，雨后及时打开。

2. 加强肥水管理 高温干旱天气棚内土壤干燥，必须及时浇水，保持土壤湿润，最好采用滴灌。若采用沟灌方法则要浅灌，以防根系窒息而引起死苗。

3. 抓好病虫害防治，选准对口农药 秋季大棚番茄发生青

表9　9月蔬菜种植茬口安排

种类	推荐品种（仅供参考）	种植方式	亩用种量（克）	苗龄（天）	播种期	收获期
黄瓜	博新5-1、博美409、致绿0159、津优12	设施，育苗	150～300	15～20	上旬、中旬	10月下旬至11月中旬
西葫芦	圆葫1号、早青	设施，育苗	150	15～20	上旬、中旬	10月中旬至11月下旬
青菜	衢州青、杭州油冬儿、上海青、苏州青、长梗白菜	平地、山地，直播或育苗	250～1 000	20～30	上旬、中旬、下旬	9月下旬至12月下旬
青菜	乌塌菜	平地，育苗	200	20～30	中旬	12月中旬至翌年1月中旬
大白菜	早熟5号、黄牙14、改良青杂2号	平地、山地或设施，育苗	100～150	25～35	上旬、中旬	11月中旬至翌年2月中旬
菜薹	四九菜心、广东19	平地或山地，撒播或育苗	750～1 000	—	上旬、中旬、下旬	10月上旬至11月中旬
西蓝花	台绿系列、绿雄90、优秀	平地，育苗	30	25～35	上旬、中旬	12月上旬至翌年2月上旬
甘蓝	鸡心、京丰1号	平地或山地，育苗	50	25～35	上旬、中旬、下旬	12月上旬至翌年1月下旬

（续）

种类	推荐品种（仅供参考）	种植方式	亩用种量（克）	苗龄（天）	播种期	收获期
芥蓝	早花芥蓝	设施，育苗	50	25～35	上旬、中旬、下旬	10月下旬至11月中旬
莴笋	红叶莴笋	平地或设施，育苗	50	30～35	上旬、中旬、下旬	11月下旬至翌年1月上旬
芹菜	黄心芹、四季西芹、土芹菜	平地、山地或设施，育苗	250～300	40～50	上旬、中旬、下旬	12月上旬翌年1月下旬
苋菜	一点红苋菜、青苋菜	平地或设施，直播	1 500	—	上旬	11月上旬至11月下旬
生菜	美国大速生	平地、山地或设施，育苗	25	20～30	上旬、中旬、下旬	10月中旬至12月中旬
芥菜	黄叶雪里蕻、落汤青、花芥菜	平地或山地，直播或育苗	100～500	20～30	上旬、中旬、下旬	11月上旬至11月下旬
芫荽（香菜）	四季香菜	平地或设施，撒播	3 000～5 000	—	上旬、中旬、下旬	10月中旬至11月上旬
茼蒿	细叶茼蒿、大叶茼蒿	平地或山地或设施，撒播	1 500	—	上旬、中旬、下旬	12月上旬至翌年2月下旬

（续）

种类	推荐品种（仅供参考）	种植方式	亩用种量（克）	苗龄（天）	播种期	收获期
菠菜	全能菠菜	平地或山地，撒播	5 000～7 500	—	上旬、中旬、下旬	10 月中旬至 11 月下旬
棒菜	薄皮棒菜	平地，育苗	50	25～35	上旬、中旬、下旬	翌年 1 月上旬至 3 月下旬
儿菜	种都儿菜	平地，育苗	50	25～35	上旬、中旬	翌年 1 月下旬至 2 月下旬
茎瘤芥	桐农 4 号、瑞安本地种	平地，育苗	50	25～35	下旬	12 月下旬至翌年 2 月中旬
萝卜	南畔洲、一点红	平地或山地，直播	250～700	—	上旬、中旬、下旬	9 月中旬至 10 月下旬
胡萝卜	新黑田 5 寸、青岛五寸参	平地，直播	1 000～1 500	—	上旬、中旬、下旬	10 月下旬至翌年 1 月下旬
葱	四季小葱	平地或山地，育苗或撒播	500～2 000	—	上旬、中旬、下旬	12 月上旬至翌年 1 月下旬
大蒜	四川紫皮大蒜	平地或山地，直播	100 000～150 000	—	上旬、中旬、下旬	11 月中旬至翌年 3 月中旬

（续）

种类	推荐品种（仅供参考）	种植方式	亩用种量（克）	苗龄（天）	播种期	收获期
韭菜	久星10号	平地或山地，育苗	1 000～1 500	50～60	上旬、中旬	翌年4月中旬至5月下旬
洋葱	红皮洋葱	平地，育苗	150～200	50～60	下旬	翌年5月中旬至6月上旬
马铃薯	东农303、中薯4号	平地，直播	150 000～200 000	—	上旬、中旬	11月下旬至12月下旬
豌豆	中豌4号、荷兰豆	设施，直播	3 000～5 000	—	上旬	11月中旬至12月下旬
马兰头	阔叶野生种、细叶野生种	平地或设施，分株移植	16 000株	—	上旬	11月上旬至翌年5月下旬
荠菜	江西荠菜	设施，直播	750	—	下旬	11月中旬至翌年2月中旬
金针菜	本地种	山地，分株移植	7 000株	—	上旬、中旬	翌年6月上旬至7月下旬

枯病危害较重，可选用中生菌素、噻菌铜或新植霉素浇根防治，一般每隔 5～7 天灌根 1 次，连灌 2～3 次。另外，番茄地浇水时，不宜采用沟灌方法，以防青枯病菌的传播。防治烟粉虱，在虫害初发时用药，早上露水未干时打药。药剂可选用啶虫脒、氟啶虫胺腈、螺虫乙酯、噻嗪酮等；防治蓟马，喷药时不仅要喷植株，还要喷地面。药剂可选用啶虫脒、烯啶虫胺、噻虫嗪、氟啶虫胺腈、乙基多杀菌素等；防治螨类，在虫害发生初期用药，药剂可选用螺螨酯、哒螨灵、乙螨唑、乙唑螨腈、联苯肼酯等。

4. 用好植物生长调节剂保花保果 秋季甜瓜等瓜菜农户往往会应用植物生长调节剂保花保果，注意高温季节要降低使用浓度，点花时间宜在 16：00 后进行。

5. 做好各项培育管理工作 及时间苗、中耕除草、搭架与引蔓上架、及时整枝和摘除病叶与老叶等。

9 月秋冬露地蔬菜适宜播种种类较多，必须抓紧整地、适时播种，把好播种质量关。如秋豌豆播种期在 9 月上中旬，秋马铃薯播种期在 9 月上旬，萝卜播种期在 8 月下旬至 9 月中旬，大蒜播种期在 9 月上中旬等。另外，露地越冬蔬菜品种，如茎瘤芥、雪里蕻等，要做好苗床地准备，宜在 9 月下旬至 10 月中旬播种育苗。

（二）山地蔬菜栽培

9 月中旬后，海拔 500 米以上山区，气温下降快，夏秋山地喜温蔬菜品种，随即进入采收后期。低海拔 400～500 米山区，9 月下旬进入采收后期，山地秋冬蔬菜为营养生长期。9 月山地蔬菜培育管理工作如下。

1. 重视夏秋山地蔬菜后期培育管理

（1）肥水管理。重施肥水 2～3 次，每亩追施三元复合肥

（氮：磷：钾＝17：17：17）10～15千克，根外追肥可喷施0.2％的磷酸二氢钾或其他叶面肥。雨后要及时排水。

（2）及时摘除老叶、病叶。这样有利于通风透光。无限生长番茄在9月中旬前打顶。

（3）搭架栽培。在大风和下雨后，及时进行检查，及时扶起倒伏架和加固支架，做好植株培土。

（4）做好病虫害防治。例如，山地四季豆的锈病与炭疽病在9月易发生危害，需选用对口药剂及早防治。

2. 抓好秋冬山地蔬菜苗期管理　山地秋莴苣笋、早熟大白菜、萝卜等必须加强培育管理，才能获得较好收成。

（1）把好定植关。山地秋莴苣笋，宜在9月上中旬定植，要细致整地，施足基肥，选择壮苗带土定植，选择阴天或15：00后定植，浇足定根水，促使早缓苗。

（2）及时间苗与中耕除草。要浅中耕，不伤根系，尤其根菜类蔬菜，如萝卜、胡萝卜。若伤了主根，则易发生肉质根分叉，失去商品价值。

（3）肥水管理。要早追肥，促使植株提早生长发育。小水勤浇，保持土壤湿润。

（4）做好病虫害防治，选准对口农药，及时防治。

10 月蔬菜种植茬口安排及生产农事提示

一、10 月蔬菜种植茬口安排

见表 10。

二、10 月蔬菜生产农事提示

10 月的节气是寒露和霜降，平原地区秋季蔬菜处于营养生长和采收期。10 月蔬菜生产应做好翌年早春大棚茄果类蔬菜和早春露地蔬菜播种及育苗；加强秋季蔬菜培育管理工作。10 月蔬菜生产主要农事提示如下。

（一）春季大棚茄果类蔬菜育苗

1. 选好品种　要因地制宜，按照市场需求，选择早熟性好、适应性和抗病性强、优质高产的品种。

（1）辣椒。选用衢椒 1 号、玉龙椒、农望长尖、辛丰 4 号、苏润辣椒等品种。

（2）茄子。选用引茄 1 号、浙茄 3 号、杭茄 2010 等品种。

（3）番茄。选用石头 28、浙粉 702、钱塘旭日、中杂 301 等品种。樱桃番茄可选用浙樱粉 1 号、黄妃、甜美 20 等品种。

2. 适时播种　翌年早春大棚辣（甜）椒、茄子播种期在

表 10　10 月蔬菜种植茬口安排

种类	推荐品种（仅供参考）	种植方式	亩用种量（克）	苗龄（天）	播种期	收获期
辣椒	衢椒 1 号、玉龙椒、农望长尖、辛丰 4 号、苏润绿早剑	设施，育苗	30～50	60～150	中旬、下旬	翌年 4 月上旬至 8 月上旬
番茄	石头 28、浙粉 702、钱塘旭日、中杂 301	设施，育苗	30	50～120	中旬、下旬	翌年 5 月中旬至 7 月中旬
樱桃番茄	浙樱粉 1 号、黄妃、甜美 20、贝蒂	设施，育苗	30	50～120	中旬、下旬	翌年 5 月中旬至 7 月中旬
茄子	引茄 1 号、浙茄 3 号、杭茄 2010、丰田五号	设施，育苗	50	50～120	中旬、下旬	翌年 4 月上旬至 10 月中下旬
青菜	衢州青、上海青、苏州青	平地或山地，育苗	150～500	30～45	上旬、中旬、下旬	11 月下旬至翌年 2 月下旬
菜薹	四九菜心、广东 19	平地或山地，撒播或育苗	750～1 000	—	上旬、中旬、下旬	11 月中旬至 12 月上旬
甘蓝	京丰 1 号、春丰秀绿、鸡心	平地，育苗	50	30～40	上旬	翌年 3 月下旬至 5 月上旬
大白菜（黄芽菜）	黄芽菜 14	平地，育苗	150	25～35	上旬	12 月下旬至翌年 1 月下旬

（续）

种类	推荐品种（仅供参考）	种植方式	亩用种量（克）	苗龄（天）	播种期	收获期
莴笋	种都系列、永安红尖叶、红鼎五号	设施，育苗	20	25～35	上旬、中旬	12月下旬至翌年3月中旬
菠菜	全能菠菜、优越菠菜、绿优秀6号	平地，直（撒）播	5 000～7 500	—	上旬、中旬、下旬	12月中旬至翌年1月下旬
芥菜	黄叶雪里蕻、花芥菜、落汤青	平地、低海拔山地，育苗	100	25～35	上旬、中旬、下旬	12月中旬至翌年4月中旬
茎瘤芥	余缩1号、浙桐1号、浙丰3号	平地、低海拔山地，育苗	50～100	30～40	上旬、中旬、下旬	翌年3月上旬至4月上旬
芫荽（香菜）	泰国抗热香菜	平地、低海拔山地，直（撒）播	5 000	—	上旬、中旬、下旬	11月上旬至翌年2月上旬
油麦菜	翠香、四季	平地或设施，育苗	15～50	20～30	上旬、中旬	12月中旬至翌年1月下旬
生菜	美国大速生、意大利生菜	平地或山地，育苗	25	—	上旬、中旬、下旬	12月中旬至翌年1月下旬
芹菜	四季西芹、黄心芹、土芹菜	平地或设施，育苗或直播	50～500	50～60	上旬	12月下旬至翌年2月上旬
茼蒿	大叶茼蒿	平地或设施，直（撒）播	2 500	—	上旬、中旬、下旬	11月下旬至翌年3月上旬

（续）

种类	推荐品种（仅供参考）	种植方式	亩用种量（克）	苗龄（天）	播种期	收获期
叶用芥菜	日本蒿菜	平地或山地，育苗	10	25～35	上旬	翌年3月下旬至4月上旬
芥蓝	早花芥蓝	设施，育苗	50	25～35	上旬、中旬、下旬	12月中旬至翌年1月中旬
萝卜	南畔洲、一点红	平地或山地，直播	250～700	—	上旬、中旬、下旬	12月上旬至翌年2月上旬
胡萝卜	新黑田5寸、青岛五寸参	平地，直播	1 000～1 500	—	上旬、中旬	12月上旬至翌年2月下旬
葱	雪葱	平地，直播	15 000	—	上旬、中旬、下旬	翌年4月中旬至5月中旬
洋葱	红皮洋葱	平地，育苗	250	50～60	上旬、中旬	翌年5月中旬至6月中旬
蚕豆	青蚕豆、慈溪大白蚕豆	平地，直播	700～2 000	—	中旬、下旬	翌年4月中旬至5月中旬
豌豆	中豌6号、浙豌1号	平地，直播	1 750	—	下旬	翌年4月中旬至5月中旬
马铃薯	东农303、中薯3号	设施，穴播	150 000	—	上旬、中旬、下旬	翌年2月上旬至3月上旬

10月中下旬，番茄播种期在10月下旬至11月上旬。

3. 培育壮苗 为确保苗齐、苗壮，在育苗过程中要做好每一个环节。播种前要进行种子消毒，采取温汤浸种或药剂消毒；选用蔬菜育苗专用基质，穴盘育苗；做好苗期肥水管理和病虫害防治等。

（二）露地早春蔬菜播种与育苗

10月露地播种的早春蔬菜品种如下。

1. 春甘蓝 播种期要求严格，若过早播种或苗期肥水管理太早、太勤，则越冬苗长得太快、植株过大，往往会提早通过春化阶段，发生先期抽薹。若播种期太迟，则越冬苗太小，采收期延后，产量与经济效益较低。适宜播种期为11月中下旬。菜农要根据本地气温特点和具体的品种特性，选择适宜的播种期。

2. 茎瘤芥、雪里蕻、莴苣、芹菜等 播种期在9月下旬至10月上中旬。苗床地要选择背风向阳、排水良好、土壤疏松、肥沃的地块。深沟高畦，种子要稀播。出苗后要及时间去密苗、弱苗、劣苗和拔除杂草，防止苗徒长。做好肥水管理和病虫害防治。

3. 春豌豆 10月直接播种的早春豆类品种，播种期在10月下旬至11月上旬。

4. 蚕豆 播种期在10月中下旬，要做好种子准备和整地，适时播种。

（三）加强秋季蔬菜培育管理

1. 秋季设施蔬菜培育管理 秋季大棚蔬菜，主要种植喜温的瓜类和茄果类蔬菜。一般开花结果和发育适宜生长温度，白天为25～30℃，夜间为20～25℃，但10月气温逐渐趋于下降，且温度变化大，若遇冷空气南下或下雨天，尤其10月下旬后，夜间温度会在15℃以下，出现“寒害”。因此，必须根据天气变化，做好盖膜保温和卷膜通风降温，调节棚内温度和湿度，满足蔬菜生长发育需要。一般天气，17：00后把棚侧膜盖严，关上棚门，7：00—8：00卷起棚侧膜和打开门通风。但遇上刮风、下雨天气，要把棚侧膜盖好，防止雨淋与风直接吹入棚内，风或雨停止后，则卷起棚侧膜通风。天气转凉后，棚内湿度增大，易发生灰霉病和疫病等危害，除做好通风管理外，要选准对口农药提早防治。另外，近几年烟粉虱、蓟马、茶黄螨等虫害发生危害较重。防治烟粉虱，在虫害初发时用药，在早上露水未干时打药。药剂可选用啶虫脒、氟啶虫胺腈、螺虫乙酯、噻嗪酮等。防治蓟马，在虫害初发时用药，喷药时不仅要喷植株，还要喷地面。药剂可选用啶虫脒、烯啶虫胺、噻虫嗪、氟啶虫胺腈、乙基多杀菌素等。防治螨类，在虫害初发时用药。药剂可选用螺螨酯、哒螨灵、乙螨唑、乙唑螨腈、联苯肼酯等。

2. 露地秋季蔬菜培育管理　露地秋季蔬菜种类多，主要有甘蓝、花椰菜、大白菜、莴笋、萝卜、胡萝卜等，栽培面积较大，这些蔬菜进入结球期或根膨大期后，要重施肥水，在雨后要及时排水。10月仍要加强对小菜蛾、菜青虫、菜螟等虫害的防治，可选用阿维菌素、虫螨腈、茚虫威、甲氧虫酰肼、抑太保等农药喷雾防治。

11月蔬菜种植茬口安排及生产农事提示

一、11月蔬菜种植茬口安排

见表11。

二、11月蔬菜生产农事提示

11月的节气是立冬和小雪，是深秋向冬季过渡的时期。11月的气候特点是天气由凉转冷，温度逐渐降低，因常受冷空气侵入，温度变化大，白天温度高，夜间温度低，有时出现霜冻。11月蔬菜的农事重点是加强春季大棚茄果类蔬菜播种育苗及苗期管理，做好大棚秋冬蔬菜防寒、防冻工作，抓好冬季露地蔬菜培育管理。

（一）加强春季大棚茄果类蔬菜育苗工作

11月上中旬是春季大棚茄果类蔬菜的播种适期，要选好品种，及时播种，加强苗期管理，确保苗齐苗壮。育苗大棚在低温来临前要搭建好保温设施，在大棚内搭建塑料中棚（也称二道膜），中棚内搭建小拱棚。11月上中旬温度较高时，中棚、小拱棚不需覆盖棚膜，大棚白天注意卷膜通风，但夜间温度较低，要卷下裙膜、关好棚门做好防冻工作。11月下旬如

表 11　11 月蔬菜种植茬口安排

种类	推荐品种（仅供参考）	种植方式	亩用种量（克）	苗龄（天）	播种期	收获期
辣椒	衢椒 1 号、玉龙椒、农望长尖、辛丰 4 号、苏润绿早剑	设施，育苗	30～50	60～140	上旬、中旬	翌年 4 月中旬至 10 月上旬
番茄	石头 28、浙粉 702、钱塘旭日、中杂 301	设施，育苗	30	50～120	上旬、中旬、下旬	翌年 5 月中旬至 8 月中旬
樱桃番茄	浙樱粉 1 号、黄妃、甜美 20、贝蒂	设施，育苗	30	50～120	上旬、中旬、下旬	翌年 5 月中旬至 8 月下旬
茄子	引茄 1 号、浙茄 3 号、杭茄 2010、丰田 5 号	设施，育苗	50	50～120	上旬、中旬、下旬	翌年 4 月中旬至 8 月中旬
青菜	苏州青、四月慢、五月慢、冬春 22	平地或山地，育苗	150	30～45	上旬、中旬	12 月下旬至翌年 4 月中旬
菜薹	广东菜心、白菜心	设施，撒播	500	—	上旬、中旬	12 月中旬至翌年 1 月中旬
芥蓝	早花芥蓝	平地或设施，育苗	500	30～40	上旬、中旬	翌年 1 月中旬至 2 月中旬
萝卜	白玉春、雪月萝卜	设施，直（条）播	200～500	—	上旬、中旬、下旬	翌年 2 月中旬至 3 月上旬
芫荽（香菜）	四季香菜	平地、低海拔山地，直（撒）播	5 000	—	上旬、中旬、下旬	翌年 1 月上旬至 2 月下旬

（续）

种类	推荐品种（仅供参考）	种植方式	亩用种量（克）	苗龄（天）	播种期	收获期
春莴苣	种都系列、永安红尖叶、红鼎5号	平地、低海拔山地，育苗	20	—	中旬、下旬	翌年3月上旬至4月中旬
甘蓝	京丰1号、江苏春丰甘蓝	平地、低海拔山地，育苗	20	25～35	上旬、中旬	翌年5月中旬至6月中旬
生菜	美国大速生、意大利生菜	平地，育苗	25	25～35	上旬、中旬、下旬	翌年2月中旬至4月上旬
菠菜	全能菠菜、优越菠菜、绿优秀6号	平地，直（撒）播	5 000～7 500	—	上旬、中旬、下旬	翌年1月下旬至3月中旬
茼蒿	小叶茼蒿、花叶茼蒿	平地或设施，直（撒）播	2 500	—	上旬、中旬、下旬	翌年2月中旬至3月中旬
苦荬菜	广东甜麦菜	平地或设施，育苗	50	30	上旬、中旬	翌年2月中旬至5月上旬
马铃薯	东农303、中薯3号	设施，穴播	150 000	—	上旬、中旬	翌年3月上旬至4月中旬
豌豆	中豌6号、浙豌1号	平地，直播	5 000～6 000	—	上旬、中旬、下旬	翌年4月中旬至5月下旬
蚕豆	青皮蚕豆	平地，直播	6 000～10 000	—	上旬、中旬	翌年5月中旬至6月中旬

遇霜冻或雨雪天气，中棚、小拱棚都应覆盖塑料薄膜。冬季育苗期间，大棚温湿度管理主要根据当日天气状况，通过盖膜和卷膜通风进行调节。8：00—9：00，首先揭掉大棚内中棚、小拱棚的覆盖物，然后卷起大棚边膜通风，但在刮风天气，要卷背风面的膜，不要卷迎风面的膜，防止冷风直接吹入大棚。一般到16：00后，首先要覆盖好大棚膜，然后盖好棚内各种覆盖物。冬季育苗水肥管理非常重要，水分管理要根据苗床水分含量来确定是否浇水，天晴温度高则适量多浇，阴雨天不宜浇水，严寒季节尽量不浇水，苗期施肥要结合灌水追施。注意防治苗期猝倒病、立枯病等病害。

（二）做好大棚秋冬蔬菜的培育管理

11月秋季种植处于采收期或生长期的大棚蔬菜有番茄、辣椒、茄子、黄瓜等喜温性蔬菜及莴笋、芹菜、中迟熟松花菜等喜凉性蔬菜。对于番茄、辣椒、茄子、黄瓜等喜温蔬菜，在霜冻来临前，大棚内要及时搭建中棚等保温设施，11月下旬如遇霜冻或雨雪天气，大棚、中棚都应覆盖塑料薄膜。对于莴笋、芹菜、中迟熟松花菜等喜凉性蔬菜，11月下旬如遇严重霜冻或雨雪天气，于傍晚卷下裙膜、关好棚门防止夜间低温冻害，但白天要及时打开棚门，卷起裙膜。要加强通风，以防菌核病、霜霉病等病害的发生和流行。部分秋季种植的大棚蔬菜11月陆续采收结束，可继续在棚内抢播一茬生长期短、耐寒性强的冬季蔬菜，如菠菜、青菜、菜薹等叶菜。

（三）抓好露地冬季蔬菜生产

11月可定植的露地冬春蔬菜：春甘蓝在11月下旬至12月上旬、茎瘤芥在10月下旬至11月中旬、莴苣在11月下旬至 12 月上旬、雪里蕻在 11 月中下旬、青菜在 10 月下旬至 11 月中旬、洋葱在 11 月下旬至 12 月中旬等，注意施足基肥、细致整地、深沟高畦，剔除弱苗与病苗、选择壮苗、带土移栽、确保全苗。定植后，要及时进行中耕除草、及时施苗肥，促进植株生长发育。

加强露地蔬菜的培育管理。11 月露地正在生长或采收的蔬菜较多，有甘蓝、大白菜、小白菜、红菜薹、油麦菜、胡萝卜、萝卜、生姜、西蓝花、花椰菜等。凡可以采收的蔬菜需及时采收；加强肥水管理，满足后期生长发育需要；雨后及时排水，清除病叶与残叶，做好病虫害防治工作。

12月蔬菜种植茬口安排及生产农事提示

一、12月蔬菜种植茬口安排

见表12。

二、12月蔬菜生产农事提示

12月的节气是大雪和冬至，进入寒冷季节，冷空气入侵频繁，气温变化大，气温日趋降低。12月蔬菜生产的农事重点是保温与防冻害，抓好大棚早春瓜类蔬菜的播种育苗，加强大棚春季茄果类、瓜类蔬菜的苗期管理，做好寒冷季节露地蔬菜培育管理等。

（一）大棚早春瓜类蔬菜的育苗

大棚早春栽培的瓜类蔬菜如西葫芦、蒲瓜、西瓜、黄瓜、南瓜等，播种期为12月下旬至翌年1月下旬，采收期为4月至7月初。因瓜类蔬菜种子适宜发芽与出苗温度为25～30℃，幼苗生长期要求温度不低于15℃，光照要求充足，而12月经常会出现低温多阴雨。为了培育瓜类蔬菜壮苗，除应用一般培育壮苗技术与设备外（参照11月有关大棚茄果类蔬菜育苗的要求），还需要做好以下环节。

表 12　12 月蔬菜种植茬口安排

种类	推荐品种 （仅供参考）	种植方式	亩用种量 （克）	苗龄 （天）	播种期	收获期
辣椒	衢椒 1 号、玉龙椒、农望长尖、辛丰 4 号、苏润绿早剑	设施，育苗	30～50	60～120	上旬、中旬	翌年 4 月下旬至 8 月上旬
番茄	石头 28、浙粉 702、钱塘旭日、中杂 301	设施，育苗	30	50～120	上旬、中旬	翌年 5 月中旬至 8 月中旬
樱桃番茄	浙樱粉 1 号、黄妃、甜美 20、贝蒂	设施，育苗	30	50～120	上旬、中旬	翌年 5 月中旬至 8 月下旬
青菜	四月慢、五月慢、冬春 22	平地或设施，育苗	150	40～60	上旬、中旬、下旬	翌年 2 月上旬至 4 月中旬
菜薹	广东菜心、白菜心	平地或设施，撒播	500	—	上旬、中旬	翌年 1 月上旬至 2 月中旬
黄瓜	博新 5 - 1、博美 409、致绿 0159、津优 12	设施，育苗	150	45～70	下旬	翌年 4 月下旬至 6 月下旬
西葫芦	圆葫 1 号、早青	设施，育苗	150	30～60	中旬、下旬	翌年 3 月中旬至 6 月上旬
瓠瓜	越蒲 1 号、浙蒲 9 号	设施，育苗	200	40～50	下旬	翌年 3 月中旬至 6 月中旬

（续）

种类	推荐品种（仅供参考）	种植方式	亩用种量（克）	苗龄（天）	播种期	收获期
菠菜	全能菠菜、优越菠菜、绿优秀6号	平地或设施，撒播	5 000～7 500	—	上旬、中旬、下旬	翌年3月中旬至4月中旬
芫荽（香菜）	四季香菜	平地或设施，撒播	5 000	—	上旬、中旬、下旬	翌年2月中旬至3月下旬
油麦菜	翠香、四季	平地或设施，育苗	15～50	25～35	上旬、中旬、下旬	翌年2月中旬至3月下旬
生菜	美国大速生、意大利生菜	平地或设施，育苗	25	30～50	上旬、中旬、下旬	翌年2月下旬至4月上旬
茼蒿	小叶茼蒿、花叶茼蒿	平地或设施，撒播	2 500	—	上旬、中旬、下旬	翌年3月上旬至4月下旬
落葵（木耳菜）	大叶木耳菜	设施，直（撒）播	6 000～10 000	—	上旬、中旬、下旬	翌年1月下旬至3月下旬
萝卜	白雪春2号、浙萝6号、雪月萝卜	设施，条（点）播	200～500	—	上旬、中旬	翌年3月上旬至4月中旬

1. 制作温床育苗（电热温床） 电热温床是在苗床铺设每平方米 70～90 瓦的电加热线，并安装控温仪，自动控制苗床内温度。

2. 采用穴盘或营养钵育苗

3. 播种前要进行种子消毒和浸种催芽 一般瓜类蔬菜的种子大，可以在催芽后直接点播于穴盘或营养钵中。也可以撒播于平盘中，待 2 片子叶转绿平展时，移栽于穴盘或营养钵中。

4. 苗期管理 大棚内的小拱棚覆盖物，白天要及时全部揭掉，让秧苗见光，防止徒长，16：00 左右要及时覆盖；苗期温度，白天控制在 20～25℃，晚间控制在 15～18℃；苗床内浇水不宜过多，穴盘或营养钵土表面见白时，才可浇水；出现猝倒病时，可用 70%噁霉灵可湿性粉剂 2 000 倍液或 64%杀毒矾可湿性粉剂 500 倍液或 72%杜邦克露可湿性粉剂 600 倍液喷雾防治。

5. 嫁接育苗 为了防止西瓜、黄瓜枯萎病的危害，可选用抗枯萎病的专用砧木，进行嫁接育苗。

（二）大棚春季茄果类蔬菜的苗期培育管理

12 月是大棚春季茄果类蔬菜苗期生长阶段，要特别注意寒冷季节苗期管理工作。白天注意卷膜通风，但夜间温度较低，要卷下裙膜、关好棚门做好防冻工作。遇到霜冻或雨雪天气，要采取多层覆盖保温。育苗期间大棚温湿度管理主要根据当日天气状况，通过盖膜和卷膜通风进行调节。在 8：00 后，首先揭掉大棚内覆盖物，然后卷起大棚边膜通风，但在刮风天气，要卷背风面的膜，不要卷迎风面的膜，防止冷风直接吹入大棚；一般到 16：00 后，首先要覆盖好大棚膜，然后盖好棚内各种覆盖物。冬季育苗水肥管理非常重要，水分管理要根据苗床水分含量来确定是否浇水，天晴温度高则适量多浇，阴雨天不宜浇水，严寒季节尽量不浇水，苗期施肥要结合灌水追施。注意防治苗期猝倒病、立枯病等病害。

部分菜农会将大棚春季茄子、辣椒、番茄等的定植期提早到 12 月下旬。

1. 定植前 10 天搭建好大棚和扣膜，大棚以南北延长方向为好，以利于提高棚温；深翻土地与细致整地，作深沟高畦，大棚外四周要挖好排水沟。

2. 施足基肥，若为酸性土壤，则每亩增施生石灰 100～150 千克。

3. 定植时要整平畦面、覆盖地膜。定植后，用 50%多菌灵可湿性粉剂 600 倍液浇足定根水，并立即搭塑料小拱棚覆盖，闷棚 1 周左右，促进早缓苗。

4. 缓苗后，要根据天气变化与植株生长情况，做好温湿度管理，白天温度控制在 20～25℃，晚间温度控制在 12～15℃。严寒天气晚间小拱棚需加盖草帘或无纺布等覆盖物。白天要注意通风，降低棚内湿度。

（三）做好大棚秋延蔬菜的培育管理

大棚秋延番茄、茄子、辣椒等 12 月已进入采收后期，如采取多层覆盖，做好保温防冻，加强病虫害防治工作，也可延迟采收到 12 月底。另外，番茄、茄子在采收后期，可采用再生栽培方法，延长植株生长期，提高产量与效益。

（四）露地蔬菜培育管理

12 月在露地生长的蔬菜有青菜、大白菜、芹菜、结球甘蓝、花椰菜、萝卜、雪里蕻、茎瘤芥、豌豆、大蒜苗等。重点要做好中耕、除草、追肥、雨后及时排水等；花椰菜达到成熟时，需及时采收。另外，已可采收的大白菜、黄芽菜、芹菜等，若遇到0℃以下低温时，要做好防冻工作，可用稻草或旧塑料薄膜覆盖。